MATHEMATIK
Arbeitsheft

Erarbeitet von
Horst Erdmann und
Carmen Damaris Pilnei

Diesterweg

Inhaltsverzeichnis

Auf dem Weg ins 4. Schuljahr

1

Tausender	Hunderter	Zehner	Einer

Lege 10 Plättchen so in die Tausendertafel, dass in jedem Feld mindestens 1 Plättchen liegt und keine Felder gleiche Plättchenzahlen haben.

a) Wie heißt die größte Zahl, die du legen kannst? ____________

b) Wie heißt die kleinste Zahl, die du legen kannst? ____________

c) Schreibe noch weitere Zahlen auf: ______________________________

2

Trage die Zahlen 29, 115, 132 und 178 so in die Mauer ein, dass die Turmzahl größer als 1000 ist.

3

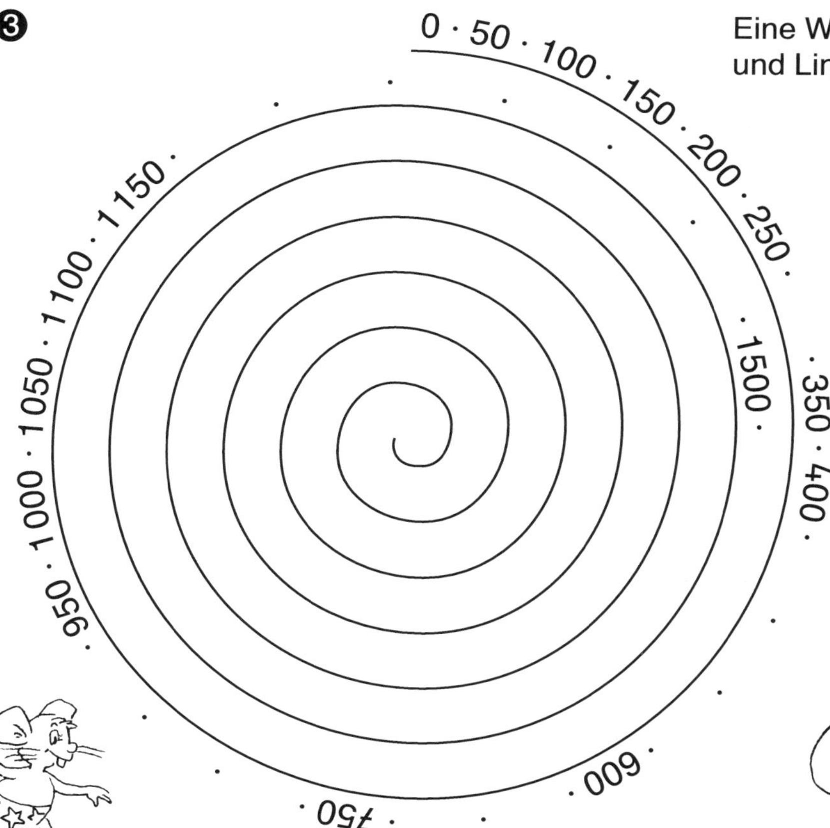

Eine Weiterzählaufgabe für Kleinschreiber und Linksdreher:

Orientierung im Zahlenraum bis 1000

❶ Ergänze die fehlenden Zehnerzahlen im Tausenderfeld.

10		30			60				100
110			140				180		200
	220			250					
		330						390	
410						470			
									600
			640						
							780		
	820								
									1000

❷ Untersuche, wie oft die Ziffern 1, 2, 3, 4, 5, 6, 7, 8 und 9 im Tausenderfeld vorkommen.
Kreuze die richtige Antwort an.

- ☐ Die Ziffer 1 kommt von diesen Ziffern am häufigsten vor.
- ☐ Alle Ziffern von 1 bis 9 kommen gleich oft vor.
- ☐ Die Ziffer 9 kommt am wenigsten vor.

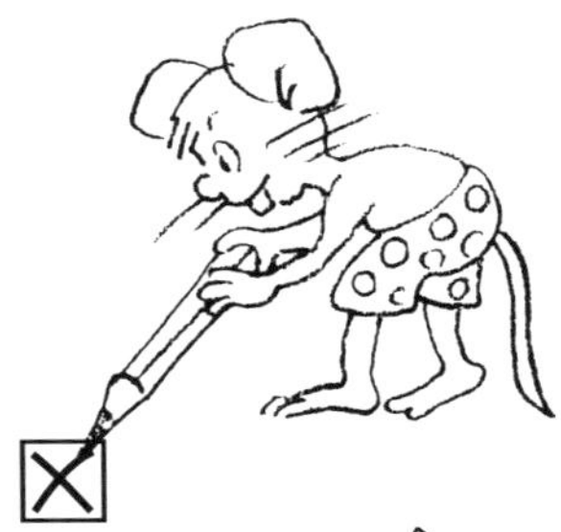

❸ Ergänze die Ausschnitte aus dem Tausenderfeld.

a)

		590

b)

340		

c)

850		

❹ Die Regeln für die Zahlenreihen findst du heraus, wenn du dir die Unterschiede zwischen den Zahlen genau anschaust. Setze die Reihen fort.

50, 140, 230, 320, _____, _____, _____, _____, _____

50, 200, 230, 380, _____, _____, _____, _____, _____

50, 250, 230, 430, _____, _____, _____, _____, _____

Gleicher Aufbau aller Tausender

❶ Ergänze die fehlenden Zehnerzahlen in den Tausenderfeldern.

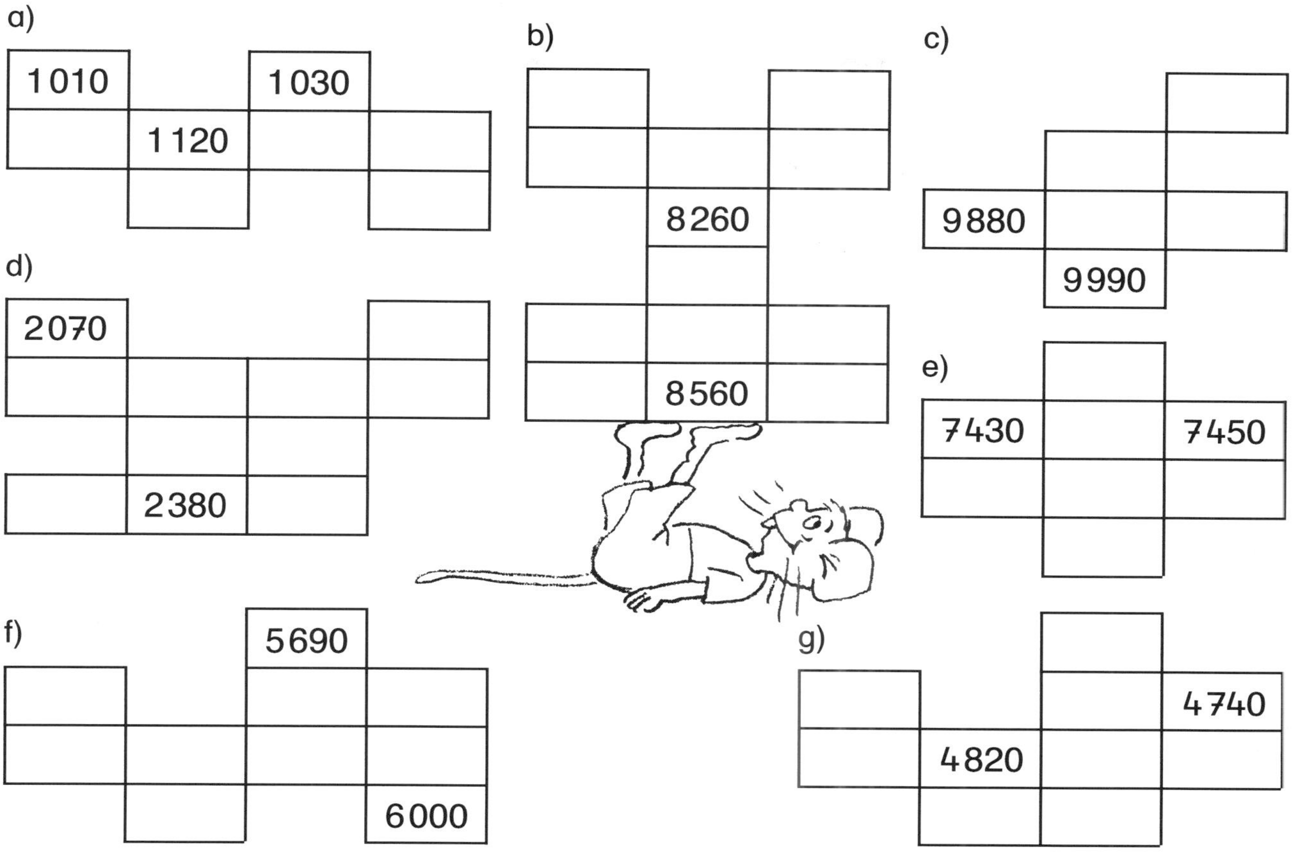

❷ Zähle in Zehnerschritten vorwärts oder rückwärts.

4670, ______, ______, ______, ______, ______, ______, 4740
3540, ______, ______, ______, ______, ______, ______, 3610
8980, ______, ______, ______, ______, ______, ______, 9050
7430, ______, ______, ______, ______, ______, ______, 7360
5150, ______, ______, ______, ______, ______, ______, 5080
6020, ______, ______, ______, ______, ______, ______, 5950

❸ Welche Hunderterzahlen liegen dazwischen? Schreibe auf.

a) zwischen 1900 und 2500: ______________________________
b) zwischen 4500 und 5100: ______________________________
c) zwischen 7200 und 6600: ______________________________
d) zwischen 9300 und 8700: ______________________________

Zahlbereichserweiterung bis 10000

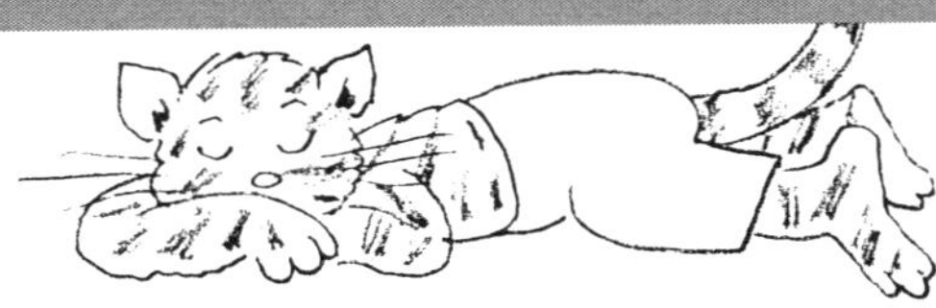

❶ Ordne die Zahlen der Größe nach.

5679, 5976, 5796, 5967: ______________________________

7350, 7530, 7503, 7305: ______________________________

6794, 6749, 6479, 6974: ______________________________

3704, 7304, 4307, 3470: ______________________________

9648, 6984, 9846, 6498: ______________________________

❷ Wie heißen die Zahlen? Trage ein.

a)

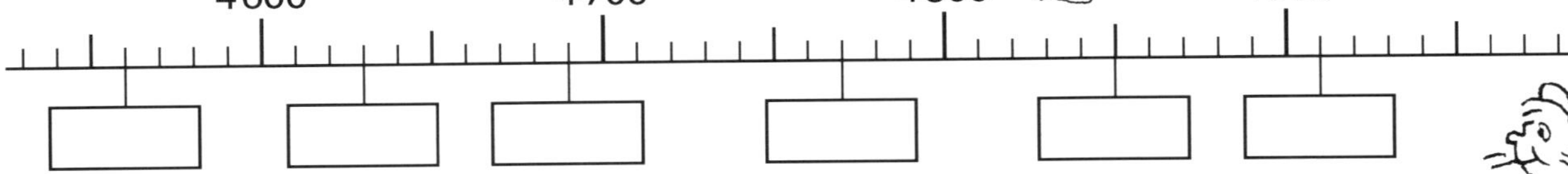

b)

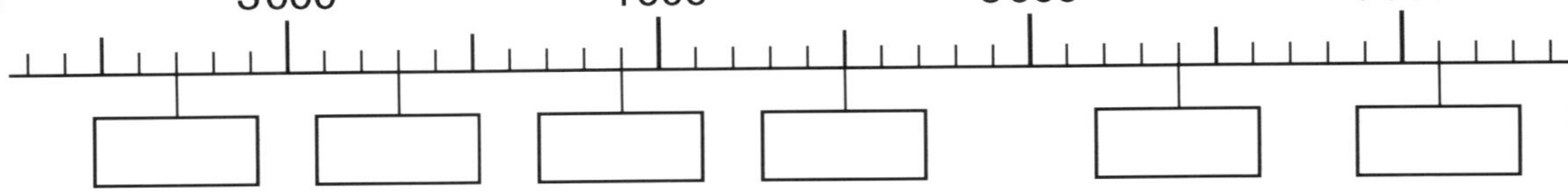

c)

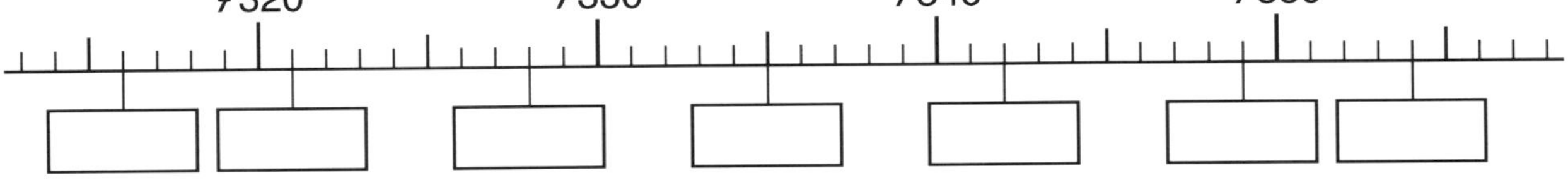

❸ Nachbarzehner

6270			
6274	5389	3008	4996
6280			

❹ Nachbarhunderter

4200			
4253	7467	5943	8071
4300			

❺ Nachbartausender

4000			
4289	5472	3165	1700
5000			

❻ Nachbarzahlen

4299			
4300	3999	5000	7909
4301			

❼ Setze fort.

4870, 4900, *4930*, ______, ______, ______, ______, ______, ______

5960, 6050, ______, ______, ______, ______, ______, ______, ______

6720, 6700, ______, ______, ______, ______, ______, ______, ______

7640, 7530, ______, ______, ______, ______, ______, ______, ______

8130, 8060, ______, ______, ______, ______, ______, ______, ______

Zahlbereichserweiterung bis 10000

1 Trage in die Stellenwerttafeln ein.

a) 3 T 6 H 4 Z 3 E
7 T 8 H 7 Z 4 E
2 T 5 H 8 Z 5 E
5 T 9 H 8 Z
3 T 7 Z 6 E
8 T 6 H 5 E

T	H	Z	E

b) 4 T 5 H 3 E
6 T 4 Z 8 E
7 T 6 H 5 E
1 T 3 Z
9 T 7 H
5 T 2 E

T	H	Z	E

2 Wie heißen die Zahlen?

1000 + 100 + 10 + 1 = ______
6000 + 400 + 70 + 3 = ______
5000 + 700 + 60 + 2 = ______
7000 + 500 + 90 + 7 = ______
700 + 80 + 9000 + 4 = ______
600 + 5 + 7000 + 30 = ______
70 + 600 + 9 + 4000 = ______

3 Zerlege in Stufenzahlen.

5555 = *5000 + 500 + 50 + 5*
7241 = ______
6493 = ______
8754 = ______
4078 = ______
6902 = ______
3009 = ______

4 Ergänze zum nächsten Tausender.

a) 5873 + ☐ = 6000

5873 + 7 = ______
5880 + 20 = ______
5900 + 100 = ______

b) 3682 + ☐ = 4000

c) 7146 + ☐ = 8000

5 Subtrahiere vom Tausender.

a) 3000 – 265 = ☐

3000 – 200 = ______
2800 – 60 = ______
2740 – 5 = ______

b) 7000 – 432 = ☐

c) 9000 – 758 = ☐

6 Addiere oder subtrahiere. Schreibe die Zwischenergebnisse auf.

a) 2153 + 1325 = ______
4365 + 3414 = ______
6181 + 2513 = ______
7624 + 1223 = ______
5412 + 4444 = ______

Platz für Zwischenergebnisse

b) 7458 – 5231 = ______
9897 – 3242 = ______
6549 – 2126 = ______
5396 – 4162 = ______
8657 – 3333 = ______

Platz für Zwischenergebnisse

Im Zahlenraum bis 10000 schriftlich addieren

1

1736	2152	6224	7303	241	5432
+ 1251	+ 2543	+ 754	+ 655	+ 3457	+ 27

2

4281	2827	7284	8795	947	2665
+ 1590	+ 3446	+ 763	+ 879	+ 3058	+ 37

zu **1** und **2**: 2702, 2987, 3698, 4005, 4695, 5459, 5871, 6273, 6978, 7958, 8047, 9674

3

2639	3578	675	2048	3378	1751
3571	469	5283	1698	2034	657
+ 895	+ 2873	+ 2967	+ 3739	+ 3595	+ 3596

zu **3**: 6004, 6920, 7105, 7485, 8925, 9007

4 Besondere Ergebnisse!

1145	1374	2184	2465	2724	3421
1299	2967	2858	1593	1887	1869
+ 766	+ 2202	+ 3723	+ 263	+ 821	+ 2364

5 Setze die fehlenden Ziffern ein.

_913	359_	4__9	4_9_	2_86
+ 58__	+ 4__9	+ _894	+ 39_7	+ _97_
8787	7847	7543	8651	7361

6 Kettenrechnen. Die Ergebnisse sind Tausenderzahlen.

1732	2596	3066	823	2312
+ 756	+ 1468	+ 978	+ 3059	+ 896
+ 756	+ 1468	+ 978	+ 3059	+ 896
+ 756	+ 1468	+ 978	+ 3059	+ 896

Im Zahlenraum bis 10000 schriftlich subtrahieren

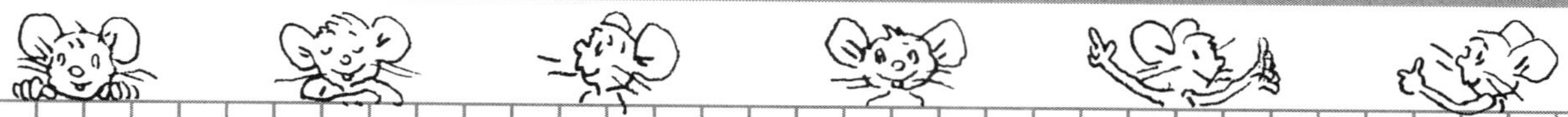

❶

8755	4867	5748	3589	9639	7856
− 3623	− 2542	− 1714	− 426	− 514	− 43

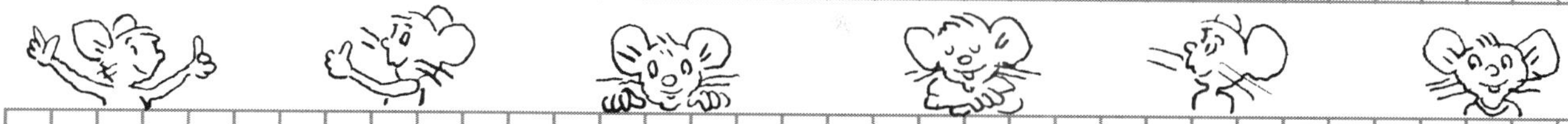

❷

4358	5706	7481	3523	9132	8602
− 2895	− 1497	− 873	− 840	− 507	− 96

❸

5023	4304	8100	6007	7015	10000
− 4118	− 2565	− 275	− 58	− 946	− 6604

zu ❶ bis ❸: 905, 1463, 1739, 2325, 2683, 3163, 3396, 4034, 4209, 5132, 5949, 6069, 6608, 7813, 7825, 8506, 8625, 9125

❹ Besondere Ergebnisse!

5635	6134	9423	8190	2809	9250
− 4401	− 3789	− 3857	− 391	− 341	− 1719

❺ Setze die fehlenden Ziffern ein.

6 _ 3 _	_ 2 3 _	7 3 6 _	_ 1 7 0	8 5 _ _
− 2 9 _ 6	− 3 _ 7 9	− 4 _ _ 8	− 6 4 _ _	− _ 9 9 6
3778	4560	2709	2769	5587

❻ Mit dem Ergebnis der ersten Rechnung fängt eine neue Rechnung an.
Die Summe der Anfangszahl und Endzahl ist 10000.

9063	3168	7309	1409	5063
− 1754	− 1759	− 2246	− 472	− 1895

1 Addiere schriftlich.

+	1978	2057	999
2845			
7096			

zu **1**: 3844, 4823, 4902, 8095, 9074, 9153

2 Subtrahiere schriftlich.

−	5784	3065	999
8631			
10000			

zu **2**: 2847, 4216, 5566, 6935, 7632, 9001

3 a) 5637 + ☐ = 10000

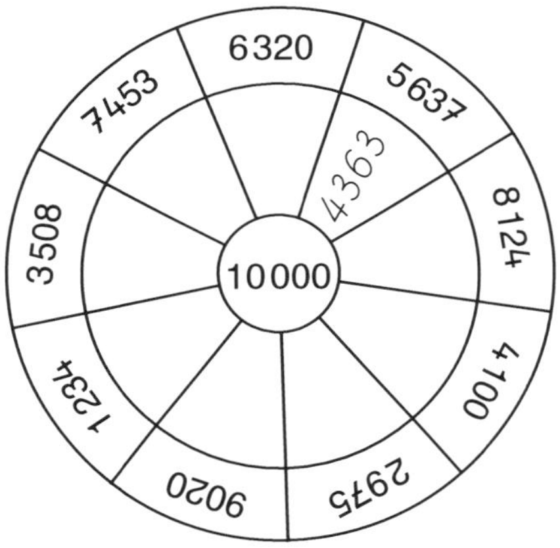

b) 10000 − ☐ = 4568

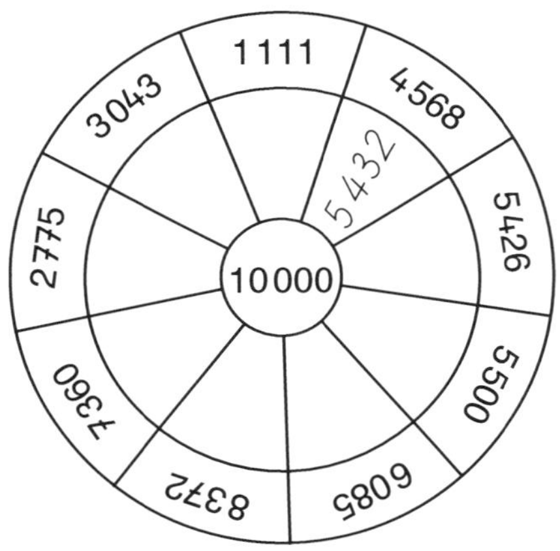

Rechne so:
5637 + 3 = 5640
5640 + 60 = 5700
5700 + 300 = 6000
6000 + 4000 = 10000

oder so:
10000 − 5000 = 5000
5000 − 400 = 4600
4600 − 30 = 4570
4570 − 2 = 4568

zu **3**: 980, 1628, 1876, 2547, 2640, 3680, 3915, ~~4363~~, 4500, 4574, ~~5432~~, 5900, 6492, 6957, 7025, 7225, 8766, 8889

Orientierungstest: Zahlenraum bis 10000

❶ Ergänze die fehlenden Zehnerzahlen in den Tausenderfeldern.

a) 2020, 2110

b) 5450, 5470

c) 9990

❷ Wie heißen die Zahlen? Trage ein.

a)

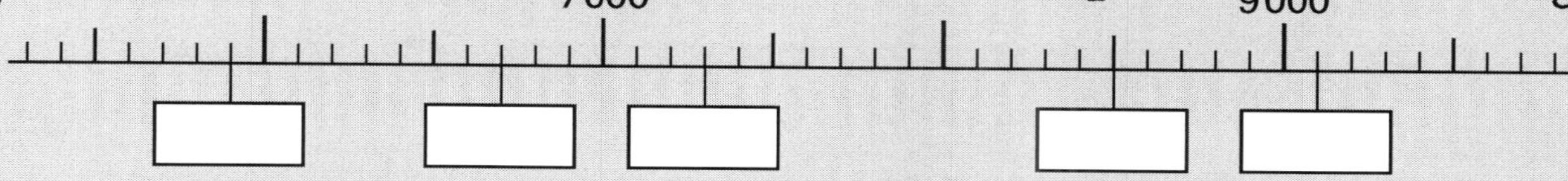

b)

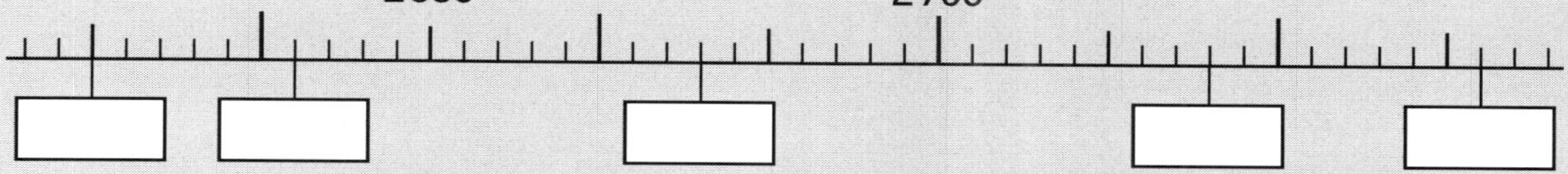

❸ Trage ein.

	T	H	Z	E
5 T 7 H 9 Z 2 E				
3 T 8 H 4 Z				
6 H 3 Z 8 E				
5 H 5 E				
3 T 6 E				

❹ 5700 + ______ = 10000
7640 + ______ = 10000
3090 + ______ = 10000

10000 – 8300 = ______
10000 – 4560 = ______
10000 – 3080 = ______

❺

4753	3241	5078	6453	467	9875
+ 2145	+ 6376	+ 3656	+ 827	+ 5937	+ 125

❻

8579	6487	9836	8274	7905	10000
– 3416	– 2765	– 4079	– 839	– 436	– 124

Bewerte deinen Test. Male jeweils das passende Gesicht an.

❶ ☺ 😐 ☹ ❷ ☺ 😐 ☹ ❸ ☺ 😐 ☹ ❹ ☺ 😐 ☹ ❺ ☺ 😐 ☹ ❻ ☺ 😐 ☹

Der Zahlenraum bis 10000 im Überblick

❶ Ergänze die fehlenden Hunderterzahlen im Zehntausenderfeld.

100			400			700			1000
	1200			1500					
		2300							
3100					3600				4000
			4400					4900	
							5800		
	6200								
				7500					
								8900	
									10000

❷ Welche Hunderterzahlen kannst du jeweils für den Platzhalter einsetzen?
Schreibe die Zahlen auf.

6700 < ☐ < 7400: 6800, ______

2900 < ☐ < 3600: ______

5300 > ☐ > 4600: 5200, ______

9200 > ☐ > 8500: ______

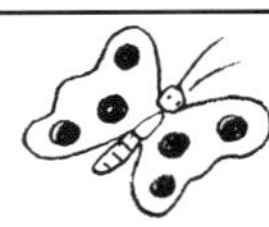

❸ Ergänze die Ausschnitte aus dem Zehntausenderfeld.

a)

	3300	

b)

	4900

c)

		10000

zu ❸: 3200, 3400, 3800, 4200, 4400, 5200, 5800, 6200, 6300, 7800, 7900, 8000, 8900, 9800, 9900

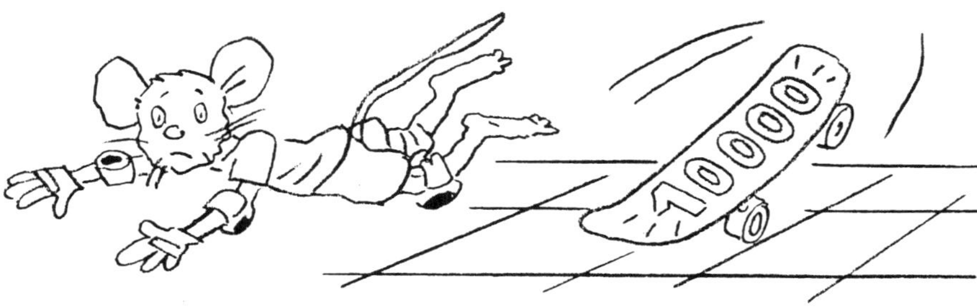

1 Ergänze die fehlenden Hunderterzahlen in den Zehntausenderfeldern.

a)

13500	13600	
14500		

b)

	25400	
	27400	

c)

43500		
44500		

d)

		63700
64500		

e)

	57600	

f)

37400	

g)

	76400	

h)

		87500

2 Wie heißen die Zahlen? Trage ein.

a)

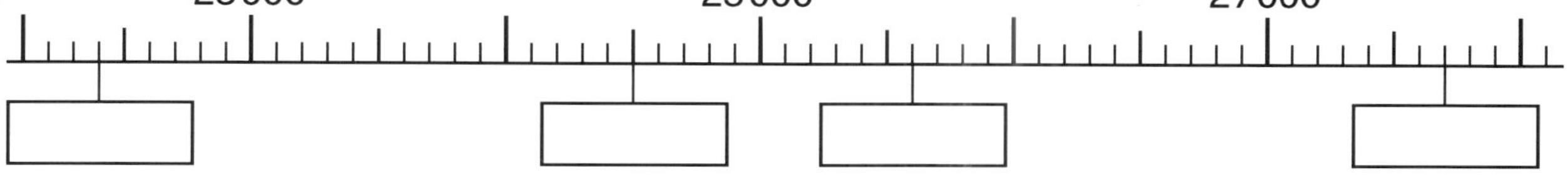

b)

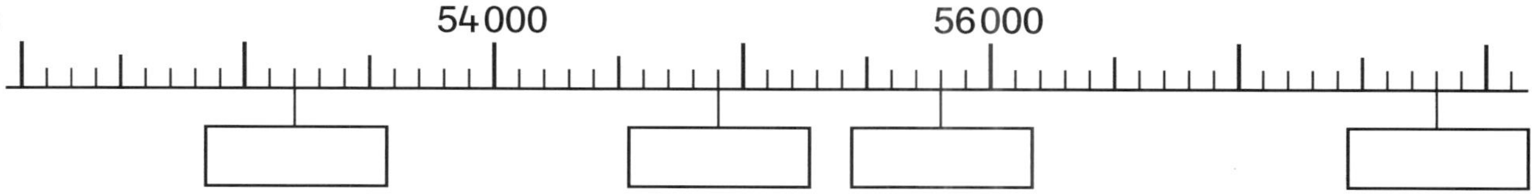

c)

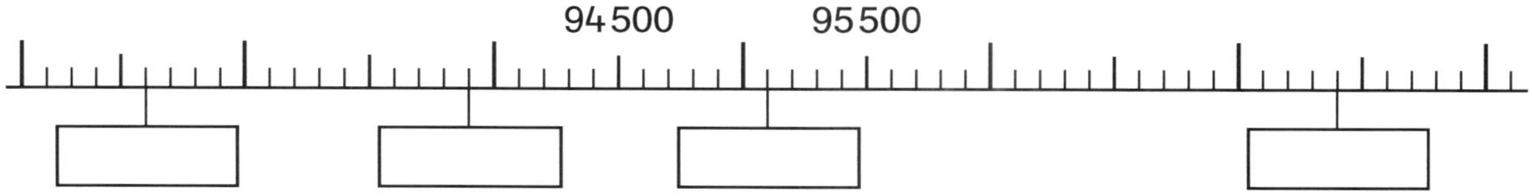

zu **2**: Die Lösungszahlen __400, __600, __800 und __900 kommen jeweils 2-mal vor.
Die Lösungszahlen __100, __200, __500 und __700 kommen jeweils 1-mal vor.

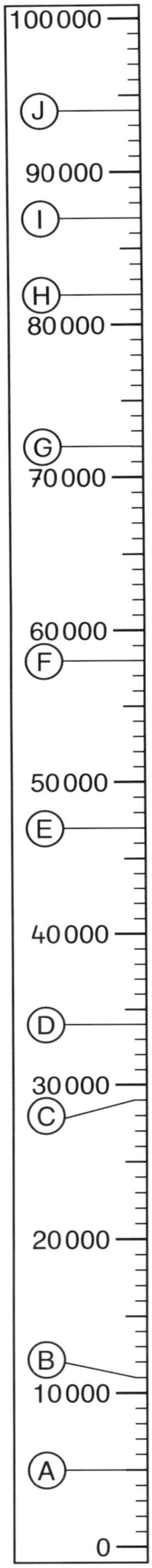

❶ Zähle in Tausenderschritten vorwärts oder rückwärts.

15 000, ______, ______, ______, ______, ______, 21 000
79 000, ______, ______, ______, ______, ______, 85 000
64 000, ______, ______, ______, ______, ______, 58 000
100 000, ______, ______, ______, ______, ______, 94 000

❷ Für welche Zahlen stehen die Buchstaben?

A: ______ B: ______ C: ______ D: ______ E: ______
F: ______ G: ______ H: ______ I: ______ J: ______

❸ Welche Tausenderzahlen liegen dazwischen? Schreibe auf.

a) zwischen E und F: ______________________
____
____

b) zwischen H und J: ______________________

❹ Ergänze jeweils zum nächsten Zehntausender.

A : *5 000 + 5 000 = 10 000* B : *11 000* + ______ = *20 000*
C: ______________ D: ______________
E: ______________ G: ______________
I: ______________ J: ______________

❺ Nachbartausender

24 000		
24586	47891	63025
25 000		

❻ Nachbarzehntausender

30 000		
33455	59097	91900
40 000		

❼ Finde die Regel heraus. Setze fort.

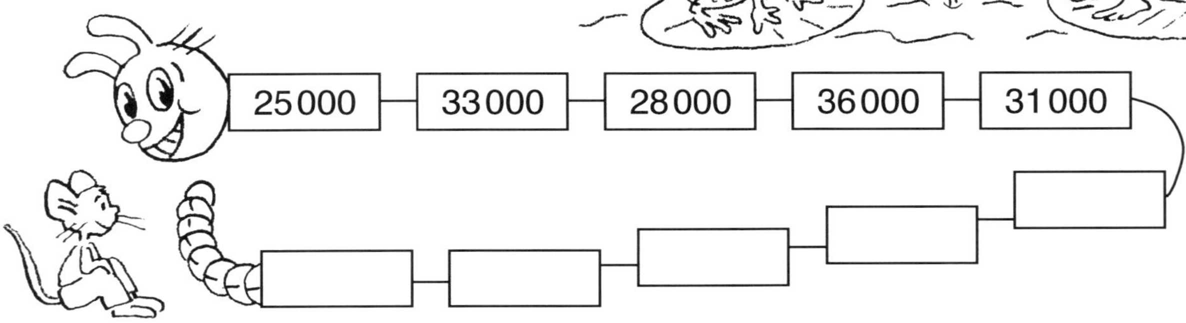

Zahlbereichserweiterung bis 100000

1 Trage in die Stellenwerttafel ein. Schreibe die Zahlen.

	ZT	T	H	Z	E	
4 ZT 8 T 7 H 2 Z 9 E						______
6 ZT 3 T 5 H 4 Z 3 E						______
7 ZT 6 T 5 Z 8 E						______
9 ZT 4 T 2 H 7 E						______
5 ZT 8 H 6 Z 5 E						______
8 ZT 5 H 3 E						______

2 Sortiere nach Stufenzahlen. Schreibe die Zahlen.

1 ZT 9 H 5 T 2 Z 6 E ______

2 T 3 H 8 Z 6 ZT 1 E ______

5 E 7 T 6 H 7 ZT ______

9 Z 5 ZT 1 T 4 E ______

3 H 4 ZT 9 E ______

7 Z 1 H 9 T ______

3 T 3 E ______

1 Z 1 H 1 ZT ______

3 Ergänze so:

67582 + ☐ = 70000

67582 + 8 = ______
67590 + 10 = ______
67600 + ______ = ______
68000 + ______ = 70000

Rechne ebenso:

54394 + ☐ = 60000
82675 + ☐ = 90000
43463 + ☐ = 60000
15037 + ☐ = 50000
30128 + ☐ = 100000

4 Subtrahiere so:

50000 – 4736 = ☐

50000 – 4000 = ______
46000 – 700 = ______
45300 – ______ = ______
45270 – ______ = ______

Rechne ebenso:

80000 – 5287 = ☐
60000 – 7543 = ☐
30000 – 11905 = ☐
90000 – 34074 = ☐
100000 – 62565 = ☐

Im Zahlenraum bis 100 000 schriftlich addieren

1

24341	31453	42325	53069	61746
+ 15427	+ 26236	+ 36962	+ 41735	+ 5862

2

45896	58667	47029	90078	63052
+ 36448	+ 19765	+ 7591	+ 6997	+ 6449

3

23461	64521	5368	37654	87654
62316	7809	72617	8923	9531
+ 12075	+ 21345	+ 1356	+ 431	+ 2815

zu **1** bis **3**:

94804	39768	69501	78432	93675
54620	79287	57689	97852	100000
67608	97075	82344	47008	79341

4 Kettenrechnen. Die Ergebnisse sind Zehntausenderzahlen.

39066	12216	35822	11498	28159
+ 16978	+ 15928	+ 14726	+ 12834	+ 13947
+ 16978	+ 15928	+ 14726	+ 12834	+ 13947
+ 16978	+ 15928	+ 14726	+ 12834	+ 13947

5 Besondere Ergebnisse!

26059	45588	37609	44992	28588
+ 17985	+ 31489	+ 28457	+ 43096	+ 26467

6 Setze die fehlenden Ziffern ein.

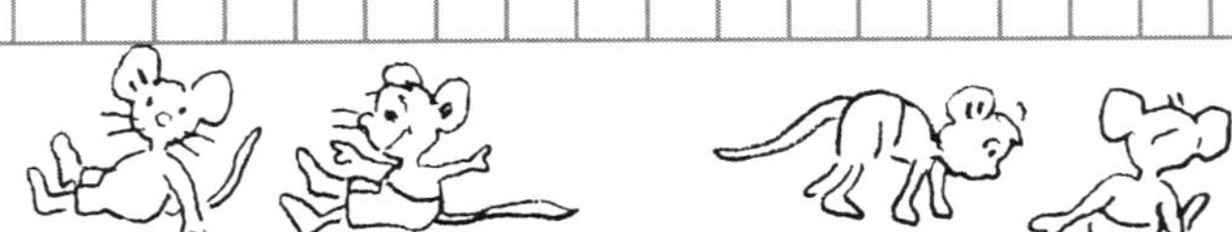

1 _ 5 7 _	4 5 _ 8 5	_ 4 5 _ 7	5 3 _ _ _	_ 7 1 2 _
+ _ 4 0 8 0	+ 2 _ 9 _ _	+ 1 _ 7 6 4	+ _ _ 5 9 6	+ 2 2 _ 7 9
3 8 _ _ 9	_ 9 1 9 8	8 3 _ 0 _	8 8 0 7 1	6 _ 0 _ 5

Im Zahlenraum bis 100 000 schriftlich subtrahieren

1

58649	78975	89164	49674	98736
− 26135	− 32141	− 27762	− 40283	− 3256

2

72325	81765	65417	94336	80635
− 34819	− 38496	− 25648	− 3947	− 8427

zu **1** und **2**: 9391, 32514, 37506, 39769, 43269, 46834, 61402, 72208, 90389, 95480

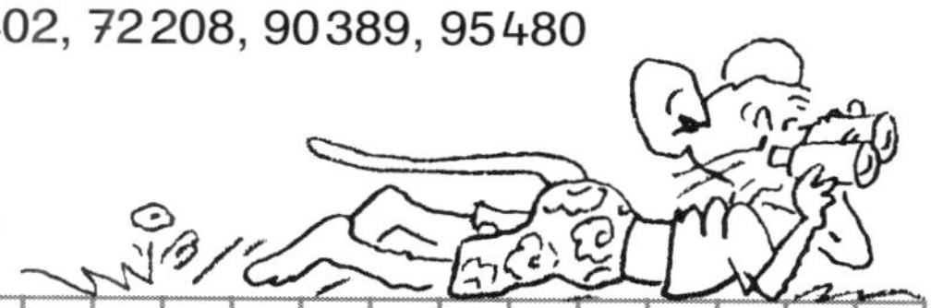

3 Kettenrechnen. Die Ergebnisse sind besondere Zahlen.

97209	72172	86982	86308	82808
− 14296	− 13923	− 24879	− 15098	− 20702
− 14296	− 13923	− 24879	− 15098	− 20702
− 14296	− 13923	− 24879	− 15098	− 20702

4 Subtrahiere schriftlich.

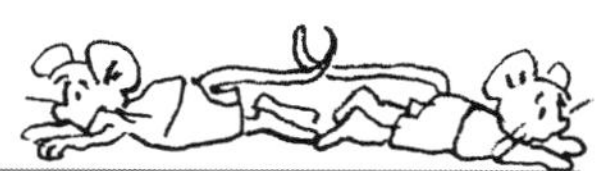

−	29672	4050	998
38551			
75780			
100000			

zu **4**:

8879	99002	37553
34501	70328	74782
46108	71730	95950

Orientierungstest: Zahlenraum bis 100 000

❶ Ergänze die fehlenden Hunderterzahlen in den Zehntausenderfeldern.

a)

30 100	30 200			

b)

	55 500			

c)

97 800			99 800	

❷ Wie heißen die Zahlen? Trage ein.

a) 44 000 … 47 000

b) 29 000 … 31 500

❸ Schreibe die Zahlen auf.

________ ________ ________ ________

❹

51236	34720	38735	60284	43861
+ 47243	+ 22596	+ 54579	+ 9780	+ 139

❺

76954	58438	95821	64705	100000
− 25431	− 14852	− 65784	− 5298	− 72061

❻ Setze für den Platzhalter jeweils passende Tausenderzahlen ein.

75000 > ☐ > 69000: ________________

42000 < ☐ < 48000: ________________

Bewerte deinen Test. Male jeweils das passende Gesicht an.

❶ ☺ 😐 ☹ ❷ ☺ 😐 ☹ ❸ ☺ 😐 ☹ ❹ ☺ 😐 ☹ ❺ ☺ 😐 ☹ ❻ ☺ 😐 ☹

Forschen und entdecken

1 Stelle dir vor, dass diese Stellenwerttafel ein Legebrett ist, auf das Plättchen gelegt werden können. Lisa hat 30 Plättchen so verteilt:

ZT	T	H	Z	E
●●●●●●	●●●●●	●●●	●●●●●●●	●●●●●●●●●

a) Die Zahl, die Lisa gelegt hat, heißt ________

b) Julius darf irgendwie 2 Plättchen dazulegen.
- Er legt die Plättchen so, dass die größtmögliche Zahl entsteht. Sie heißt: ________
- Er legt die Plättchen so, dass die kleinstmögliche Zahl entsteht. Sie heißt: ________
- Er kann auch andere Zahlen legen. Nenne 5 Beispiele:

________, ________, ________, ________, ________

c) Ben will es genau wissen. Er überlegt sich einen Plan, um alle Zahlen zu finden, die Julius legen kann. Er beginnt so: 85379, 76379, 75479, …
Finde alle Zahlen und schreibe sie der Größe nach auf:

85379, ____________________

____________________ *65381*

2 Schreibe die Zahlen 100, 200, 300, 400, 500, 600, 700 und 800 so in die acht Fekder, dass die Summe der drei Zahlen in jeder geraden Linie immer 1200 ergibt.

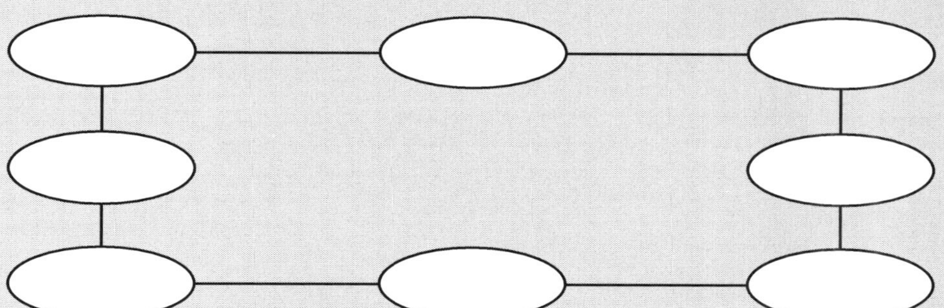

3 Vierstellige Zahlen mit nur zwei Ziffern wie 7557 heißen ANNA-Zahlen.
Bilde zu einer ANNA-Zahl (z. B. zu 3663) die zweite ANNA-Zahl (6336).
Subtrahiere die kleinere von der größeren Zahl.
Schreibe das Ergebnis auf.
Rechne mehrere Beispiele.
Entdeckst du eine Regel bei den Ergebniszahlen?

____

____

Zahlbereichserweiterung bis 1 000 000

1 Trage die Zahlen in die Stellenwerttafel ein.

6 HT 8 ZT 4 T 7 H 3 Z 4 E
5 HT 4 ZT 8 H 6 Z 5 E
4 HT 3 T 6 H 9 Z
6 HT 3 ZT 2 T 1 Z 1 E
8 HT 2 ZT 3 T 4 H 7 E
1 M

M	HT	ZT	T	H	Z	E
	6					

2 Schreibe die Zahlen.

M	HT	ZT	T	H	Z	E	
	7	6	0	8	4	7	sieben ________________
		2	9	4	0	6	________________
	6	0	7	7	8	0	________________

3 Trage die Zahlen in die Stellenwerttafel ein.

sechshundertachtzigtausendsiebenhundertzweiundfünfzig
dreihundertvierundsechzigtausenddreihundertneunzig
neunhundertsiebentausendzweihunderteinundsechzig
siebenhundertzweiundvierzigtausendzwanzig
achthundertdreißigtausendsiebenhundertvier
fünfhundertzweiundneunzigtausenddrei

M	HT	ZT	T	H	Z	E

4 Wie heißen die Zahlen?

400 000 + 90 000 + 7000 + 900 + 80 + 6 = ________

700 000 + 60 000 + 4000 + 500 + 40 + 7 = ________

900 000 + 8000 + 600 + 50 = ________

500 000 + 70 000 + 400 + 6 = ________

800 000 + 20 + 3 + 70 000 + 900 + 3000 = ________

300 000 + 40 + 1 = ________

zu **4**: 300 041, 497 986, 570 406, 764 547, 873 923, 908 650

5 Ordne nach dem Stellenwert. Schreibe die Zahlen auf.

HT 2, H 3, Z 8, ZT 1, E 4, T 9 ________

E 2, Z 7, HT 9, H 6, T 5, ZT 9 ________

T 7, E 8, HT 2, Z 3, H 4 ________

E 1, H 2, HT 4, ZT 5, T 3 ________

Zahlbereichserweiterung bis 1 000 000

❶ Verbinde. Trage ein.

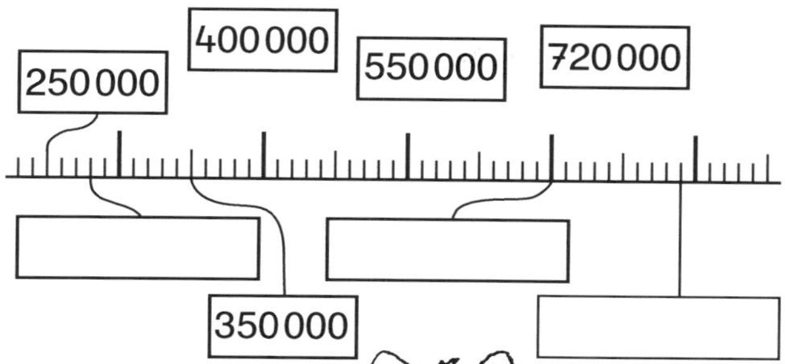

❷ Nachbarhunderttausender

500 000	540 000	*600 000*
	720 000	
	470 000	
	650 000	
	800 000	
	920 000	

❸ Setze fort.

420 000	480 000	540 000				
610 000	540 000	470 000				

❹ Verbinde. Trage ein.

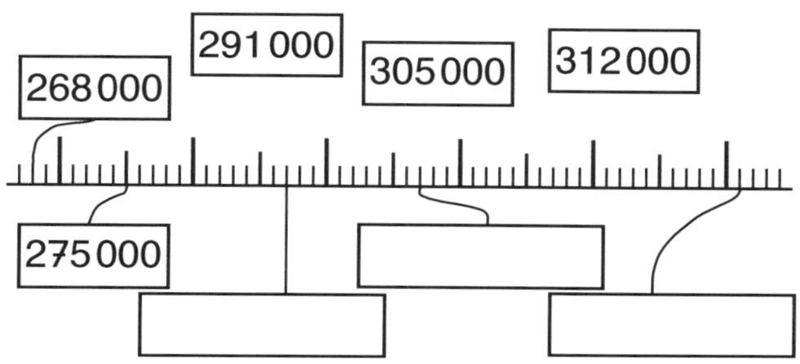

❺ Nachbarzehntausender

270 000	273 000	*280 000*
	391 000	
	528 000	
	716 000	
	487 000	
	900 000	

❻ Setze fort.

392 000	395 000	398 000				
519 000	511 000	503 000				

❼ Verbinde. Trage ein.

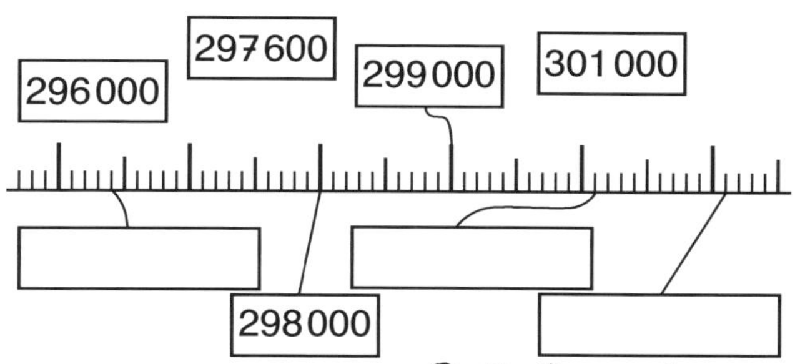

❽ Nachbartausender

326 000	326 400	*327 000*
	409 000	
	772 800	
	561 300	
	949 100	
	984 500	

❾ Nachbarzahlen

411 098	411 099	*411 100*
	817 400	
	449 999	
	520 900	
	600 000	
	999 999	

❿ ist größer als →

476 859   547 698

485 976   574 869

Im Zahlenraum bis 1 000 000 addieren und subtrahieren

Kettenrechnen. Addiere oder subtrahiere immer die gleiche Zahl.
Schreibe die Ergebnisse untereinander.

❶

+ 1	+ 10	+ 100	+ 1 000	+ 10 000	+ 100 000
396 997	451 986	229 700	597 820	480 560	219 400
396 998					
396 999					

❷

– 1	– 10	– 100	– 1 000	– 10 000	– 100 000
504 002	481 020	595 200	903 750	721 870	846 300
504 001					
504 000					

❸

+	50 000	70 000	
130 000			
660 000			700 000
780 000			
590 000			

❹

–	80 000	30 000	60 000
940 000			
			320 000
410 000			
290 000			

❺ + 3 000

498 000	
317 000	
589 000	
896 000	

❻ + 8 000

214 000	
	873 000
726 000	
	227 000

❼ – 9 000

482 000	
698 000	
555 000	
434 000	

❽

+	500	50	400	30	800	70	900
399 600							
48 250							
344 800							
						679 490	
			462 150				

zu ❽: 48 280, 48 300, 48 320, 48 650, 48 750, 49 050, 49 150, 344 830, 344 850, 344 870, 345 200, 345 300, 345 600, 345 700, 399 630, 399 650, 399 670, 400 000, 400 100, 400 400, 400 500, 461 750, 461 780, 461 800, 461 820, 462 250, 462 550, 462 650, 679 420, 679 450, 679 470, 679 820, 679 920, 680 220, 680 320

Im Zahlenraum bis 1000000 schriftlich addieren und subtrahieren

❶

514532	637284	487120	527293
+ 273467	+ 264713	+ 56394	+ 18907

❷

241896	171207	413810	672762
318942	226197	34729	2729
+ 179539	+ 386499	+ 67812	+ 4509

❸

126412	248715	257921	327489
213598	169432	384675	243868
+ ▒▒▒▒▒▒	+ ▒▒▒▒▒▒	+ ▒▒▒▒▒▒	+ ▒▒▒▒▒▒
668744	744803	902226	717557

zu ❶ bis ❸: 146200, 259630, 326656, 328734, 516351, 543514, 546200, 680000, 740377, 783903, 787999, 901997

❹

788479	968705	413543	670318
− 245134	− 216513	− 45685	− 19827

❺

911729	788431	950840	1000000
− ▒▒▒▒▒▒	− ▒▒▒▒▒▒	− ▒▒▒▒▒▒	− ▒▒▒▒▒
764932	42990	160853	474211

zu ❹ und ❺: 146797, 367858, 525789, 543345, 650491, 745441, 752192, 789987

❻ Rechne aus.

a) 29468 + 31644 + 612 + 47385 = ______

b) 978302 − 882176 − 321 − 14 = ______

c) 667298 − 7651 + 16 + 337 = ______

1 **Schatzsuche.** Jeweils 2 Kärtchen führen zu einer Schatzkiste, wenn du die Zahlen auf den zusammengehörigen Kärtchen addierst oder subtrahierst.
Male die zusammengehörigen Kärtchen und die dazu gehörige Schatzkiste mit der gleichen Farbe an.

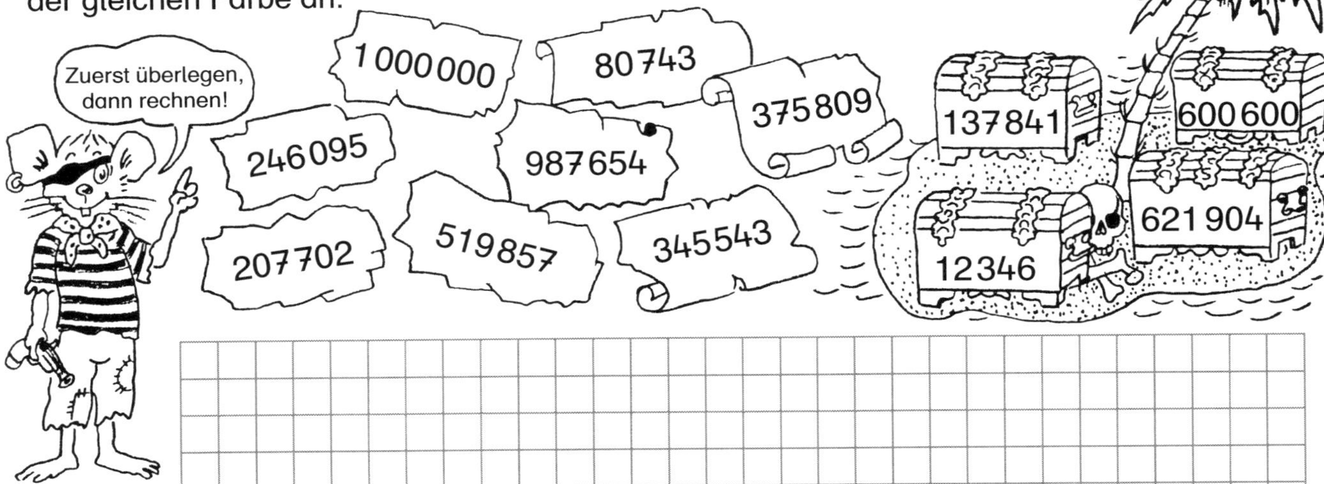

2 Stelle die Zahlen als Summe von drei aufeinanderfolgenden Zahlen dar.

~~18~~ 300 990 2331 15147

Beispiel: *18 = 5 + 6 + 7*

300 = ______ + ______ + ______
990 = ______ + ______ + ______
2331 = ______ + ______ + ______
15147 = ______ + ______ + ______

3 Subtrahiere von der Zahl oben links alle anderen Zahlen.
Überlege und rechne geschickt.

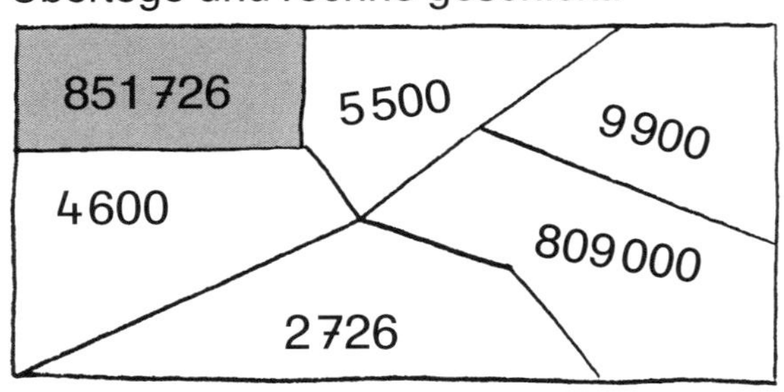

Ergebnis: ________

Dein Rechenplatz:

1 Ordne die Zahlen der Größe nach. Beginne oben mit der kleinsten Zahl.
Die Buchstaben ergeben Lösungswörter aus dem Bereich Bauernhof.

a)

171217 C
172171 F
171127 S
172117 A
171712 H

171127	S

b)

543108 D
530841 E
518430 F
538410 R
518034 P

2 Rechne im Kopf oder schriftlich. Entscheide klug!

a) 29999 + 301 = ________
57283 + 692 = ________

b) 38446 − 523 = ________
72512 − 26214 = ________

c) 605300 − 27000 − 5300 = ________
295770 + 31400 + 130 = ________

Zu **2**: 30300, 37923, 46298, 57975, 327300, 573000

3 **Summe und Differenz**

a) Bilde aus den Ziffern 5, 1, 6, 3, 7, 4 die kleinste Zahl. ________
b) Bilde aus den Ziffern 5, 1, 6, 3, 7, 4 die größte Zahl. ________
c) Berechne die Summe von größter Zahl und kleinster Zahl. ________
d) Berechne die Differenz zwischen größter Zahl und kleinster Zahl. ________

1 Runde auf Zehner.

Zahl	123	975	1046	2634	98752	80497
gerundet auf Zehner	*120*					

Zahl	151464	443868	700755	559999
gerundet auf Zehner				

2 Verbinde. Runde auf Hunderter. Schreibe die gerundeten Zahlen auf.

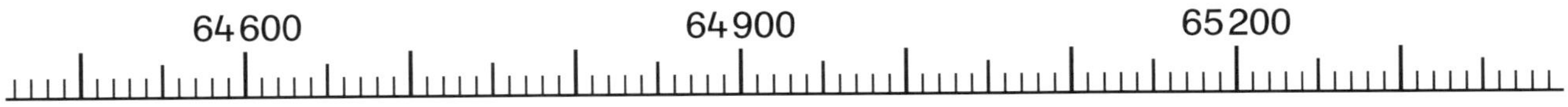

64590	64740	64870	65050	65110	65260
gerundet: *64 600*					

3 Runde.

a) auf Tausender

24916	
43548	
51394	
85427	
92643	
135000	

b) auf Zehntausender

52918	
87347	
64424	
21653	
108210	
70000	

c) auf Hunderttausender

243592	
164386	
733101	
809450	
550227	
200000	

4 Runde auf Stufenzahlen.

	HT	ZT	T	H	Z
561814					
423836					
742477					
658185					
193498					
240551					
756294					
872623					
34698					
218484					

Orientierungstest: Zahlenraum bis 1000000

1 Ordne nach dem Stellenwert. Schreibe die Zahlen auf.

ZT 3, E 9, Z 4, T 2, HT 7, H 1 — ______

E 2, HT 4, Z 3, T 5, ZT 6 — ______

ZT 3, E 4, HT 4, H 4 — ______

T 0, HT 0, Z 0, E 0, H 0, ZT 0, M 1 — ______

2 Wie heißen die Zahlen? Trage ein.

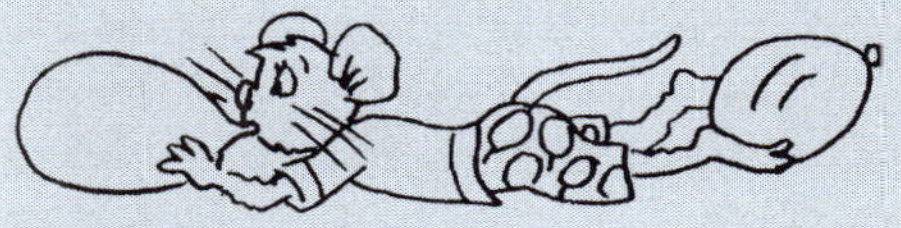

400000 … 404000

3 Nachbarzahlen

357 498		
357499	261710	100000

4 Nachbarhunderttausender

330000	750000	900000
400 000		

5

175829	520456
+ 436578	+ 279778
______	______

6

526413	770293
− 285956	− 264589
______	______

7 Setze die fehlenden Ziffern ein.

_ _ 4 9 _ _	5 _ _ 5 _ _	8 _ 4 _ 8 2	_ 1 _ _ 1 _
+ 2 5 _ _ 2 7	+ _ 9 7 _ 5 1	− _ 4 _ 4 7 _	− 3 _ 8 5 _ 6
508265	700496	461603	281207

8 Runde.

	HT	ZT	T	H	Z
431967					
265294					
398572					
214029					

Bewerte deinen Test. Male jeweils das passende Gesicht an.

1 **2** **3** **4** **5** **6** **7** **8**

Entdeckungen an Zauberquadraten

Die Summe ist immer gleich!

❶

48476		68476
	78476	
		108476

48476
78476
+ 108476

Die Summe ist immer ______

❷

77585		
227585		107585
197585		

Die Summe ist immer ______

❸

		42356
86356	87356	

Die Summe ist immer ______

❹

	2351	

Erfinde dein Zauberquadrat!

Die Summe ist immer ______

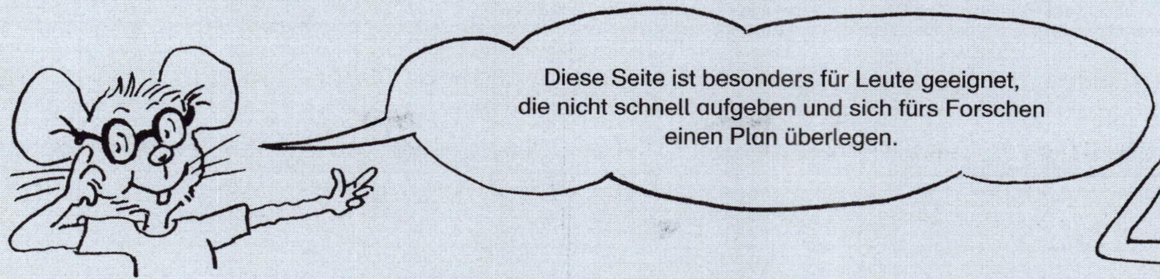

1 Stimmt das?

Wenn du dir zwei große vierstellige Zahlen so ausdenkst, dass ihre Summe eine fünfstellige Zahl ergibt, ist die erste Ziffer immer die 1.

Beispiel:

	8	4	6	3
+	5	2	9	6

Überprüfe mit eigenen Beispielen:

+				

Deine Entdeckung:

Die Behauptung

☐ stimmt.

☐ stimmt nicht.

2 Jetzt wird es schwierig!

	⊞	△	⊗	□
+	⊞	⊗	□	○
○	□	○	○	⊗

Hier siehst du ein Muster.
Gleiche Zeichen bedeuten gleiche Ziffern.
Wähle aus den Ziffern von 1 bis 9 passende Ziffern so aus, dass die Rechnung stimmt.

Platz für Rechnungen und Rechenpläne:

Deine Lösung:

+				

3 **Zusatzaufgabe für Superforscher**

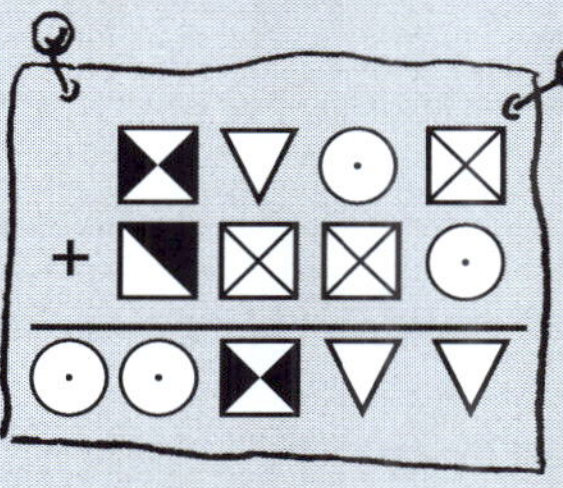

1
6 · 4 = ___
7 · 2 = ___
3 · 10 = ___
5 · 2 = ___
6 · 10 = ___
8 · 5 = ___
7 · 4 = ___
9 · 5 = ___
2 · 2 = ___
9 · 4 = ___

2
2 · ___ = 20
4 · ___ = 20
6 · ___ = 30
2 · ___ = 14
4 · ___ = 8
7 · ___ = 35
5 · ___ = 20
8 · ___ = 80
2 · ___ = 8
9 · ___ = 18

3
___ · 5 = 25
___ · 4 = 16
___ · 10 = 10
___ · 2 = 20
___ · 5 = 15
___ · 4 = 12
___ · 2 = 16
___ · 5 = 50
___ · 4 = 32
___ · 10 = 100

4
___ · 7 = 28
6 · ___ = 12
7 · 10 = ___
1 · ___ = 5
___ · 4 = 40
3 · ___ = 6
1 · 4 = ___
___ · 9 = 90
5 · ___ = 50
4 · 0 = ___

5 Male für jede Aufgabe das Feld mit der Ergebniszahl an.

4 · 2	7 · 5	2 · 10	1 · 2	1 · 10	9 · 2	6 · 10	4 · 5	2 · 4	10 · 5
2 · 5	4 · 10	7 · 2	3 · 10	3 · 5	7 · 4	8 · 5	8 · 2	1 · 5	9 · 10
6 · 2	8 · 10	9 · 5	3 · 4	3 · 2	5 · 5	7 · 10	10 · 2	6 · 5	8 · 4

3	17	2	42	51	65	44	13	7	37	54
9	40	8	20	25	14	30	5	35	53	8
20	15	60	12	10	32	20	10	30	28	19
21	70	12	16	90	45	50	40	18	81	80
36	48	6	27	38	62	11	9	23	41	91

6

·	2	5	10	7	4
3					
6					
9					

7

·	4	2	8	5	7
5					
10					
7					

8

·	7	5	2	9	4
2					
4					
8					

9 Ergänze die Einmaleinsketten.

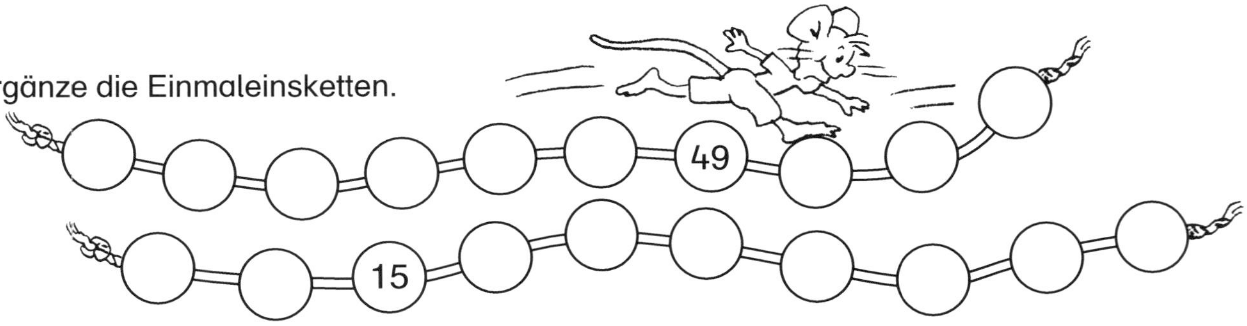

1
- 3 · 6 = ___
- 8 · 7 = ___
- 9 · 8 = ___
- 5 · 6 = ___
- 3 · 9 = ___
- 4 · 3 = ___
- 8 · 9 = ___
- 6 · 6 = ___
- 7 · 9 = ___
- 6 · 8 = ___

2
- 9 · ___ = 63
- 5 · ___ = 40
- 6 · ___ = 18
- 8 · ___ = 24
- 4 · ___ = 36
- 3 · ___ = 21
- 9 · ___ = 54
- 7 · ___ = 42
- 5 · ___ = 15
- 8 · ___ = 64

3
- ___ · 9 = 54
- ___ · 3 = 9
- ___ · 8 = 56
- ___ · 8 = 32
- ___ · 9 = 81
- ___ · 3 = 21
- ___ · 8 = 24
- ___ · 1 = 6
- ___ · 6 = 12
- ___ · 7 = 42

4
- 2 · 8 = ___
- 7 · 3 = ___
- 10 · 7 = ___
- ___ · 8 = 24
- ___ · 9 = 18
- ___ · 3 = 27
- 5 · ___ = 35
- 5 · ___ = 45
- 3 · ___ = 30
- 8 · 6 = ___

5

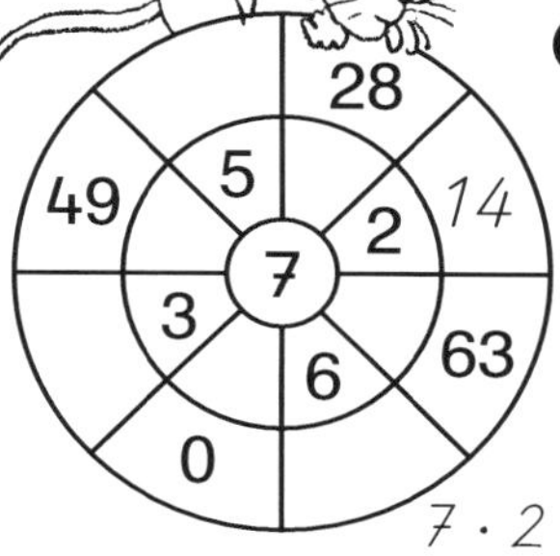

7 · 2 = 14

6

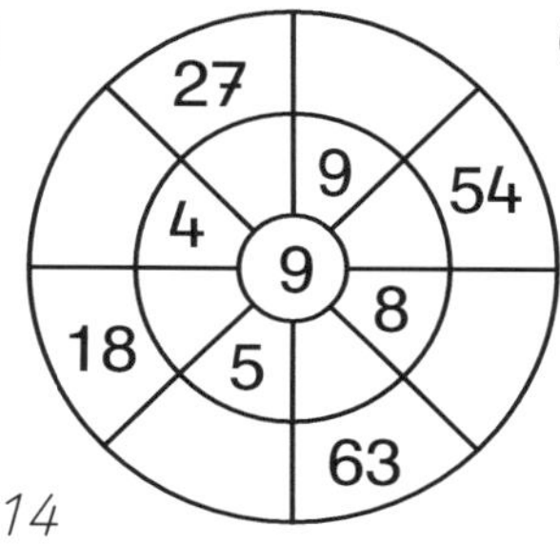

7

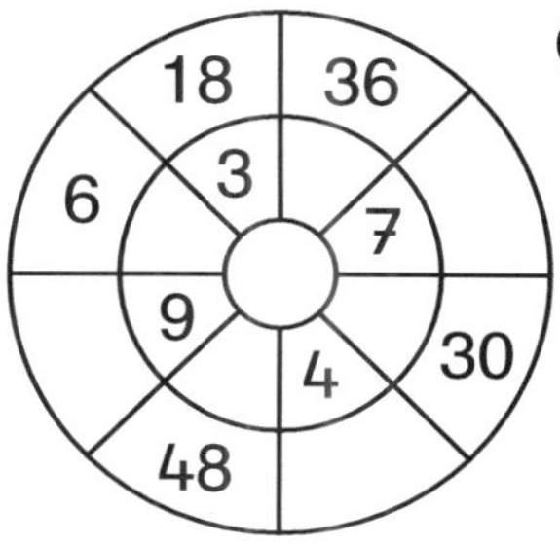

8

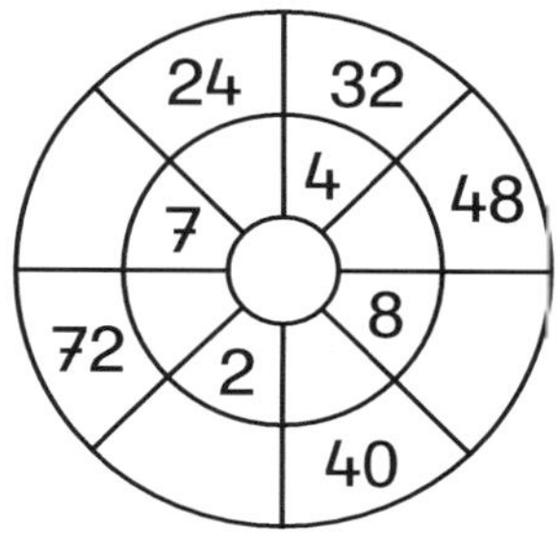

9 Verbinde die Ergebniszahlen der Reihe nach.

→ 5 · 8 → 3 · 4 → 7 · 6 → 7 · 8 → 3 · 8 → 8 · 9 → 6 · 6 → 0 · 4 → 7 · 5 → 1 · 2 → 9 · 5 → 2 · 3 → 1 · 7 → 9 · 3 → 2 · 9 → 8 · 8 → 10 · 7 → 8 · 4 → 7 · 9 → 7 · 7 → 6 · 5 → 6 · 8 → 3 · 5 → 2 · 2 → 5 · 10 → 2 · 4 → 3 · 3 → 9 · 6 → 3 · 7 → 10 · 9 → 8 · 2 → 1 · 5 → 9 · 9 → 5 · 4 → 2 · 7 → 5 · 2 → 7 · 4 → 5 · 5

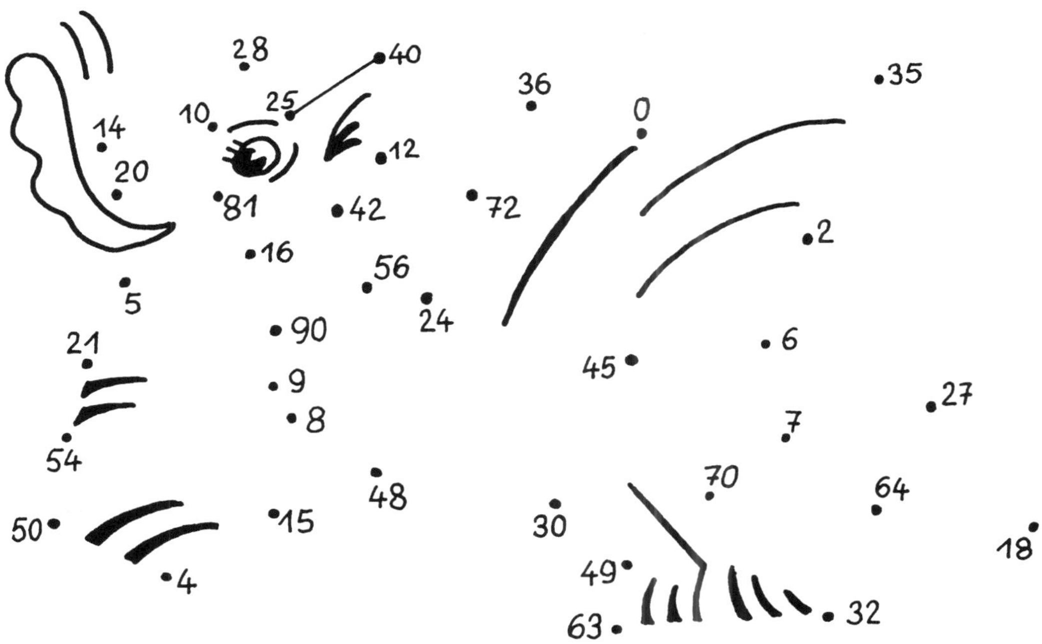

1 Male für jede Aufgabe ein Feld mit der Ergebniszahl gelb an.

3 · 2, 3 · 4, 2 · 8, 5 · 4, 6 · 2, 9 · 8, 7 · 2, 4 · 4, 9 · 2, 3 · 5, 7 · 5, 4 · 2, 10 · 8, 8 · 2, 8 · 5, 7 · 10, 4 · 8, 7 · 4, 1 · 2, 6 · 5, 2 · 10, 5 · 5

8 · 4, 1 · 5, 8 · 10, 0 · 8, 10 · 10, 1 · 4, 5 · 2, 10 · 5, 9 · 10, 8 · 8, 0 · 10, 0 · 5, 2 · 2, 5 · 10, 5 · 8, 9 · 5, 3 · 10, 0 · 4, 3 · 8, 2 · 4, 10 · 2, 7 · 8, 0 · 2

9 · 4, 6 · 8, 4 · 5, 4 · 10, 6 · 4, 2 · 5, 10 · 4, 6 · 10

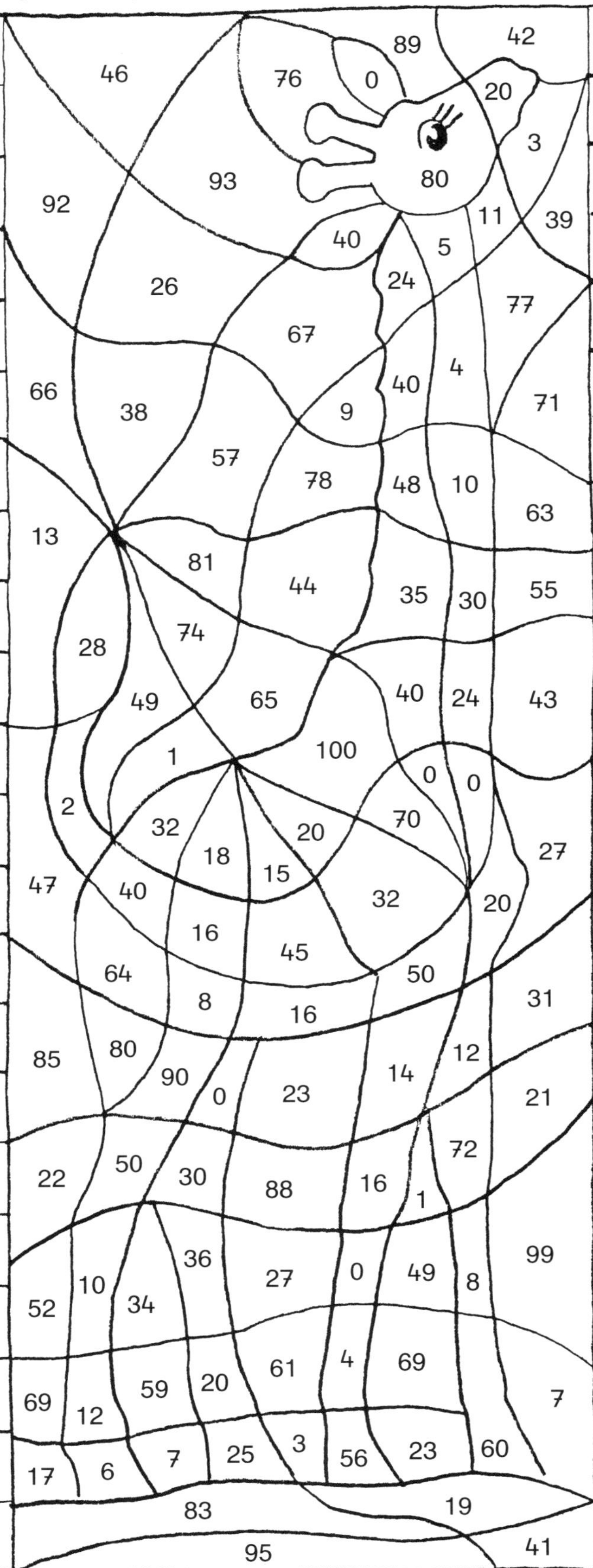

2

·	2	4	5	8	10
3					
7					
5					
2					
9					
6					
8					
4					
1					
0					
10					

3

·	3	6	9	1	7
4					
2					
6					
5					
0					
3					
1					
8					
7					
10					
9					

Ergebniszahlen beim kleinen Einmaleins untersuchen

1 · 1	1 · 2	1 · 3	4	5	6	7	8	9	10
2 · 1	2 · 2								
3 · 1	3 · 2								
5	10	15							
								6 · 9	
			7 · 4						
	8 · 2			40					
	18								
									100

❶ Vervollständige die Tafel. Schreibe auf die grauen Felder die richtigen Aufgaben und auf die weißen Felder die richtigen Ergebniszahlen.

❷ Manche Ergebniszahlen kommen beim kleinen Einmaleins nur einmal vor. Schreibe passende Aufgaben.

____

____

❸ Finde Aufgaben zu den Ergebniszahlen.

6	_______________
24	_______________
36	_______________

❹ Male die Ergebnisfelder in der Tafel rot an.

2 · 8 | 5 · 5 | 9 · 9 | 3 · 7 | 4 · 6 | 6 · 6 | 8 · 8 | 7 · 7

Dividieren – kleines Einmaleins

1
12 : 3 = ___
30 : 5 = ___
24 : 6 = ___
21 : 7 = ___
16 : 8 = ___
12 : 4 = ___
36 : 9 = ___
20 : 4 = ___
28 : 7 = ___
18 : 9 = ___

2
30 : 6 = ___
14 : 2 = ___
56 : 8 = ___
24 : 4 = ___
40 : 8 = ___
36 : 4 = ___
48 : 6 = ___
45 : 5 = ___
15 : 3 = ___
27 : 9 = ___

3
63 : 7 = ___
21 : 3 = ___
32 : 4 = ___
25 : 5 = ___
49 : 7 = ___
48 : 8 = ___
81 : 9 = ___
16 : 2 = ___
42 : 6 = ___
72 : 9 = ___

Rechne und kontrolliere. Denke an die Umkehraufgaben.

4
___ : 5 = 3
___ : 3 = 8
___ : 9 = 7
___ : 3 = 6
___ : 9 = 5
___ : 7 = 8
___ : 6 = 7
___ : 9 = 6
___ : 6 = 8
___ : 5 = 7

5
___ : 9 = 3
___ : 6 = 9
___ : 4 = 7
___ : 8 = 4
___ : 7 = 6
___ : 8 = 9
___ : 6 = 6
___ : 5 = 8
___ : 8 = 8
___ : 7 = 5

___ : 5 = 7
Umkehraufgaben
7 · 5 = ___
5 · 7 = ___

Zu **4** und **5**:

27, 56	18, 48
28	45
15, 32	54, 35
42, 35	24, 42
63	54
36, 72	40, 64

6
16 : ___ = 8
27 : ___ = 9
20 : ___ = 4
18 : ___ = 3
24 : ___ = 3
18 : ___ = 9
16 : ___ = 4
30 : ___ = 5
56 : ___ = 8
45 : ___ = 5

7
18 : ___ = 6
35 : ___ = 7
81 : ___ = 9
24 : ___ = 6
36 : ___ = 4
14 : ___ = 2
48 : ___ = 6
54 : ___ = 9
64 : ___ = 8
24 : ___ = 4

8
14 : 2 = ___
36 : ___ = 6
___ : 7 = 4
32 : 4 = ___
72 : ___ = 9
___ : 5 = 5
21 : 3 = ___
42 : ___ = 6
___ : 9 = 6
56 : 8 = ___

Dividieren mit Rest

21 : 5 = 4 Rest 1

Überprüfe mit der Umkehraufgabe!

4 · 5 = 20
20 + 1 = 21

❶ Rechne aus und überprüfe mit der Umkehraufgabe.

Das rechne ich im Kopf!

22 : 4 = ___ R __	16 : 7 = ___ R __	44 : 5 = ___ R __
10 : 6 = ___ R __	19 : 4 = ___ R __	70 : 9 = ___ R __
29 : 7 = ___ R __	49 : 8 = ___ R __	55 : 7 = ___ R __
17 : 3 = ___ R __	58 : 6 = ___ R __	67 : 8 = ___ R __
5 : 2 = ___ R __	21 : 9 = ___ R __	33 : 6 = ___ R __

❷ Die Umkehrrechnung kann dir helfen.

___ : 6 = 2 R 2	___ : 6 = 3 R 4	___ : 5 = 3 R 3
___ : 5 = 6 R 1	___ : 9 = 2 R 5	___ : 9 = 9 R 6
___ : 7 = 7 R 5	___ : 5 = 9 R 4	___ : 8 = 2 R 1
___ : 8 = 7 R 5	___ : 8 = 7 R 2	___ : 6 = 7 R 1
___ : 4 = 3 R 3	___ : 9 = 8 R 5	___ : 8 = 9 R 2
___ : 6 = 4 R 1	___ : 7 = 5 R 2	___ : 7 = 9 R 4
___ : 9 = 7 R 7	___ : 8 = 4 R 7	___ : 4 = 6 R 2

Zu ❷:

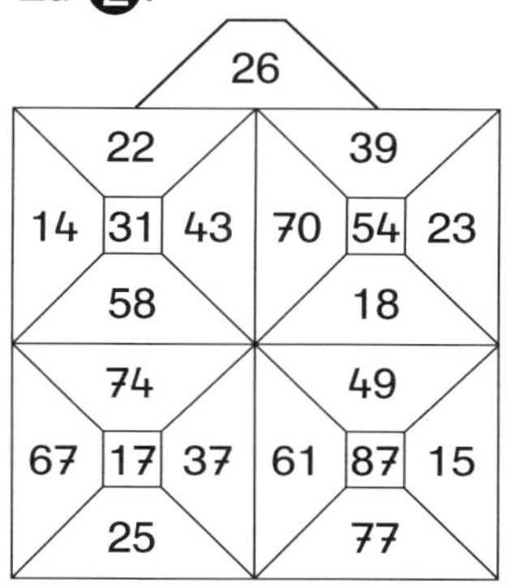

❸ a) Schreibe 10 Aufgaben auf, die zu dieser Gleichung passen.

___ : 7 = ___ R 3

b) Bestimmt hast du eine Regel entdeckt. Schreibe sie auf:

____

Ist doch klar!

c) Überprüfe für

___ : 8 = ___ R 5

13, 21, ...

Orientierungstest: Multiplizieren und Dividieren

1

5 · 8 = ___
6 · 7 = ___
4 · 6 = ___
7 · 9 = ___
9 · 8 = ___
7 · 4 = ___
5 · 9 = ___
9 · 6 = ___
3 · 8 = ___
6 · 9 = ___

2

4 · ___ = 36
9 · ___ = 27
5 · ___ = 30
8 · ___ = 64
7 · ___ = 56
3 · ___ = 21
6 · ___ = 24
4 · ___ = 32
7 · ___ = 42
9 · ___ = 81

3

___ · 9 = 18
___ · 7 = 28
___ · 8 = 40
___ · 9 = 72
___ · 5 = 35
___ · 7 = 56
___ · 9 = 54
___ · 6 = 36
___ · 8 = 48
___ · 7 = 49

4

15 : 5 = ___
16 : 4 = ___
48 : 6 = ___
63 : 7 = ___
24 : 8 = ___
45 : 9 = ___
24 : 6 = ___
28 : 4 = ___
49 : 7 = ___
30 : 6 = ___

5

18 : ___ = 6
25 : ___ = 5
32 : ___ = 8
72 : ___ = 9
20 : ___ = 4
48 : ___ = 6
21 : ___ = 3
64 : ___ = 8
42 : ___ = 7
20 : ___ = 5

6

___ : 9 = 3
___ : 5 = 6
___ : 7 = 5
___ : 3 = 7
___ : 5 = 9
___ : 8 = 7
___ : 9 = 9
___ : 3 = 8
___ : 9 = 7
___ : 4 = 9

7

47 : 7 = ___ R ___
47 : 8 = ___ R ___
47 : 9 = ___ R ___
47 : 10 = ___ R ___

8

10 : 8 = ___ R ___
9 : 8 = ___ R ___
8 : 8 = ___ R ___
7 : 8 = ___ R ___

Bewerte deinen Test. Male jeweils das passende Gesicht an.

1 ☺ 😐 ☹   2 ☺ 😐 ☹   3 ☺ 😐 ☹
4 ☺ 😐 ☹   5 ☺ 😐 ☹   6 ☺ 😐 ☹
7 ☺ 😐 ☹   8 ☺ 😐 ☹

Würfelspiele

❶ Zwanzigerfeld abräumen

Ziel ist es, mit möglichst wenig Durchgängen alle Felder von 1 bis 20 abzudecken.

Du brauchst:

- 1 Spielfeld mit den Zahlen von 1 bis 20
- 3 Würfel

Spielregel:

- Würfle gleichzeitig mit 3 Würfeln.
- Verbinde die Augenzahlen mit den Rechenoperationen (+), (−), (·), (:) zu möglichen Rechnungen.
- Rechne und kennzeichne die Felder mit den Ergebniszahlen. So räumst du das Zwanzigerfeld ab.

1	2	3	4
5	6	7	8
9	10	11	12
13	14	15	16
17	18	19	20

Beispiel:

2 + 3 − 4 = 1
[4 − 3] · 2 = 2
2 + 4 − 3 = 3
[3 − 2] · 4 = 4
3 + 4 − 2 = 5
[4 − 2] · 3 = 6
2 + 3 + 4 = 9
⋮

(1)	(2)	(3)	(4)
(5)	(6)	7	8
(9)	10	11	12
13	14	15	16
17	18	19	20

Tipp: Zeichne das Spielfeld auf ein Blatt und trage die Zahlen von 1 bis 20 ein.

Tipp: Wenn du Plättchen verwendest, kannst du das Spielfeld mehrmals benutzen.

Probiere das Spiel aus.

Wie viele Durchgänge brauchst du, um das Zwanzigerfeld komplett abzuräumen?

____ Durchgänge

❷ Größte Hunderttausenderzahl

Ziel ist es, nach 6 Würfen eine möglichst große sechsstellige Zahl zu erhalten.

Du brauchst:

- 1 Stellenwerttafel bis Hunderttausend
- 1 Würfel

HT	ZT	T	H	Z	E

Spielregel:

- Würfle nacheinander 6-mal mit einem Würfel.
- Entscheide nach jedem Wurf direkt, an welcher Stelle der Stellenwerttafel du die Augenzahl notieren willst.

Leo hat so entschieden:

1. Wurf :		→ ZT	4. Wurf :		→ T
2. Wurf :	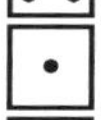	→ E	5. Wurf :	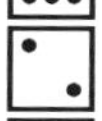	→ H
3. Wurf :	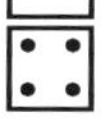	→ Z	6. Wurf :	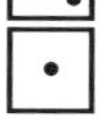	→ HT

Leos Zahl heißt: 156241

Welche größere Zahl wäre möglich gewesen? ________

❸ Der Würfelturmtrick

Verblüffe deine Zuschauer!

- Du brauchst 3 Würfel.
- Lass einen Zuschauer gleichzeitig mit 3 Würfeln werfen und ihn diese zu einem Turm aufeinander stapeln, ohne dass du die Wurfergebnisse sehen kannst.
- Die Knobelfrage ist, welche Summe alle verdeckten Augen der 3 Würfel zusammen ergeben.
- Schaue den Turm an und rechne.

Beispiel:

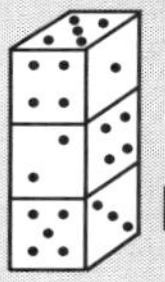

Lösung: 16

So geht der Trick:

____

____

1
3 · 10 = ___
5 · 10 = ___
8 · 10 = ___
0 · 10 = ___
6 · 10 = ___
9 · 10 = ___
4 · 10 = ___

2
10 · ___ = 60
10 · 9 = ___
10 · ___ = 30
10 · 7 = ___
10 · ___ = 50
10 · 8 = ___
10 · ___ = 0

3
10 · 12 = ___
___ · 16 = 160
10 · ___ = 190
10 · 13 = ___
___ · 15 = 150
10 · ___ = 200
10 · 17 = ___

4
4 · 100 = ___
8 · 100 = ___
6 · 100 = ___
3 · 100 = ___
9 · 100 = ___
5 · 100 = ___
2 · 100 = ___

5
100 · ___ = 600
100 · 3 = ___
100 · ___ = 500
100 · 0 = ___
100 · ___ = 800
100 · 7 = ___
100 · ___ = 400

6
100 · 20 = ___
___ · 11 = 1 100
100 · ___ = 4 700
100 · 60 = ___
___ · 93 = 9 300
100 · ___ = 7 900
___ · 30 = 3 000

7
10 · 4 = ___
100 · 5 = ___
1 000 · 6 = ___
1 000 · 8 = ___
1 000 · ___ = 3 000
1 000 · ___ = 7 000
1 000 · ___ = 9 000
1 000 · ___ = 1 000

8
1 000 · 20 = ___
1 000 · 30 = ___
1 000 · ___ = 50 000
1 000 · 14 = ___
1 000 · ___ = 33 000
1 000 · 56 = ___
1 000 · ___ = 75 000
1 000 · 99 = ___

9

· 1000
· 100
· 10 · 10 · 10

1			
5			
10			
17			
30			
42			
68			
99			

10

·	0	1	10	100	1 000
10					
100					
1 000					

Zu **10**: Kontrolliere deine Ergebnisse.

0	10	100	1 000	10 000	100 000	1 000 000
|||	|	||	|||	|||	||	|

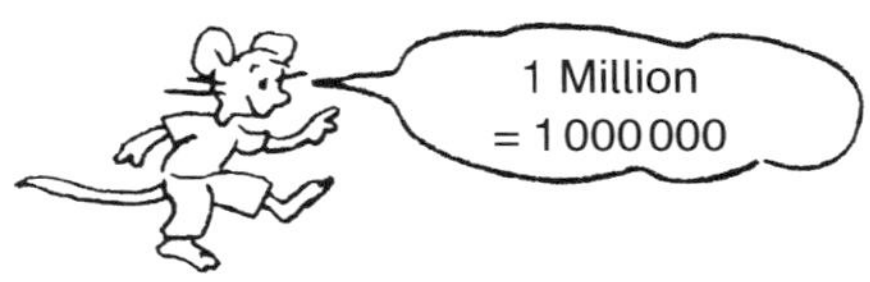

Mit Zehnerzahlen und Hunderterzahlen multiplizieren

❶
3 · 8 = ___
3 · 80 = ___
7 · 3 = ___
7 · 30 = ___
9 · 7 = ___
9 · 70 = ___
7 · 8 = ___
7 · 80 = ___
9 · 4 = ___
9 · 40 = ___

❷
6 · ___ = 12
6 · ___ = 120
4 · ___ = 20
4 · ___ = 200
7 · ___ = 28
7 · ___ = 280
9 · ___ = 54
9 · ___ = 540
8 · ___ = 72
8 · ___ = 720

❸
___ · 6 = 18
3 · ___ = 180
___ · 7 = 35
5 · ___ = 350
___ · 3 = 24
8 · ___ = 240
___ · 9 = 18
2 · ___ = 180
___ · 8 = 0
___ · 80 = 0

❹
8 → · 70 → ___; 8 → · 7 → ___ → · 10 → ___
9 → · 20 → ___; 9 → ___ → ___ → ___ → ___
4 → · 70 → ___; 4 → ___ → ___ → ___ → ___

❺
5 → · 50 → ___; 5 → · 5 → ___ → · 10 → ___
6 → · 40 → ___; 6 → ___ → ___ → ___ → ___
3 → · 90 → ___; 3 → ___ → ___ → ___ → ___

❻
5 · 9 = ___
5 · 900 = ___
2 · 8 = ___
2 · 800 = ___
6 · 4 = ___
6 · 400 = ___

❼
7 · 7 = ___
7 · 600 = ___
3 · 5 = ___
3 · 500 = ___
8 · 8 = ___
8 · 800 = ___

❽
5 · 6 = ___
5 · 600 = ___
9 · 7 = ___
9 · 700 = ___
6 · 8 = ___
6 · 800 = ___

❾

· 400	
4	
8	
3	
5	

· 600	
7	
6	
8	
3	

· 300	
9	
5	
0	
2	

· 700	
5	
7	
3	
6	

· 900	
10	
6	
9	
4	

· 500	
6	
4	
8	
5	

Mit Tausenderzahlen halbschriftlich multiplizieren

1

5 · 4735 =	4 · 3268 =
5 · 4000 = 20000	
5 · 700 =	
5 · 30 =	
5 · 5 =	

2

6 · 5482 =	8 · 2478 =

3

9 · 7905 =	8 · 3059 =

Zu **1** bis **3**: 13072, 19824, 23675, 24472, 32892, 71145

4 Multipliziere halbschriftlich.

Ich rechne jetzt so:

3 · 9684 = 27000 + 1800 + 240 + 12 = 29052

Rechne ebenso.

4 · 6594 = ______________________ = ________

6 · 7160 = ______________________ = ________

5 · 6308 = ______________________ = ________

7 · 9269 = ______________________ = ________

9 · 5739 = ______________________ = ________

8 · 8364 = ______________________ = ________

6 · 3579 = ______________________ = ________

5 · 2689 = ______________________ = ________

8 · 4615 = ______________________ = ________

7 · 5074 = ______________________ = ________

Zu **4**: 13445, 21474, 26376, 31540, 35518, 36920, 42960, 51651, 64883

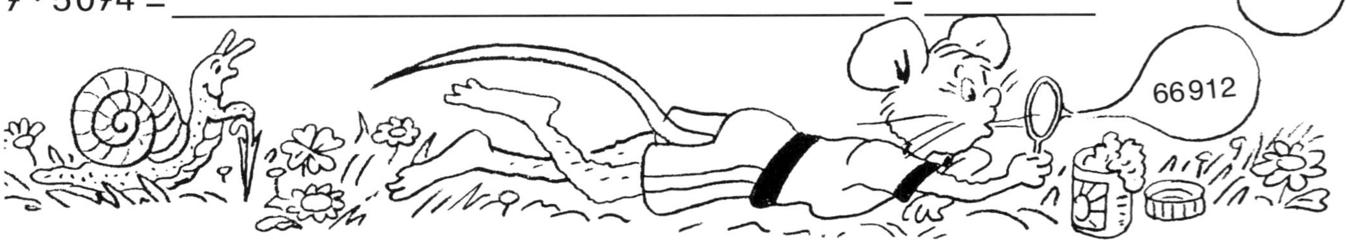

Ohne Übertrag schriftlich multiplizieren

1

123 · 3 = 369 | 204 · 2 | 321 · 3 | 102 · 4 | 324 · 2

213 · 3 | 423 · 2 | 231 · 3 | 420 · 2 | 210 · 4

2

3212 · 2 | 3223 · 3 | 3042 · 2 | 2102 · 2

1301 · 2 | 2032 · 3 | 3302 · 2 | 1202 · 4

3

21204 · 2 | 32113 · 3 | 10220 · 4

22404 · 2 | 33201 · 3 | 11022 · 4

302010 · 3 | 200100 · 4 | 999999 · 0

4 Ergänze die fehlenden Ziffern.

204 · 2 = 4□8 | 3203 · 3 = 9□09 | 4□20 · 2 = 86□0 | □313 · 3 = □□39

12032 · □ = 3□□96 | 11021 · □ = □408□ | 43024 · □ = 8□□□8

4

Finde die falschen Ziffern heraus! Färbe sie rot.

·	2	3
102310	104 630	305 630
312203	627 402	946 809

Zu **4**:

Mit Übertrag schriftlich multiplizieren

1

324 · 3	425 · 2	207 · 3	118 · 5
972			

428 · 2	213 · 4	217 · 5	318 · 4

1 Übertrag

1224 · 3	20215 · 4	12532 · 3	250000 · 4

Zu **1**: 590, 621, 850, 852, 856, 972, 1085, 1272, 3672, 37596, 80860, 1000000

2

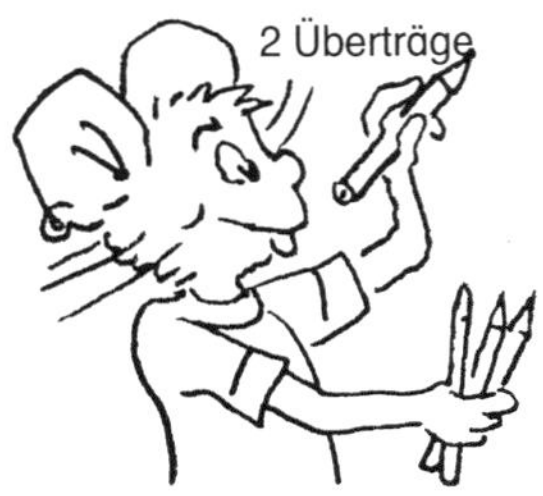

654 · 6	534 · 5	423 · 7	753 · 4

393 · 4	289 · 6	532 · 9	746 · 8

2708 · 5	15320 · 4	21276 · 3	520871 · 3

Zu **2**: 1572, 1734, 2670, 2961, 3012, 3924, 4788, 5968, 13540, 61280, 63828, 1562613

3

31568 · 4	27036 · 9	40329 · 7

73945 · 5	68504 · 6	98765 · 4

50625 · 6	87375 · 8	54087 · 3

46529 · 8	35067 · 7	26089 · 5	69238 · 3

Zu **3**: 126272, 130445, 162261, 207714, 243324, 245469, 282303, 303750, 369725, 372212, 395060, 411024, 699000

Mit zweistelligen Zahlen schriftlich multiplizieren

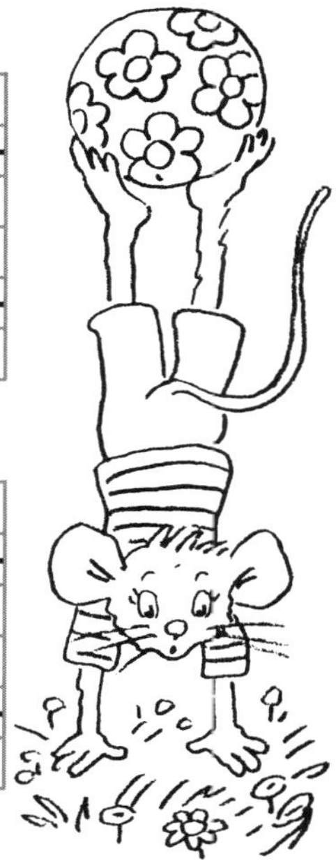

❶ 853 · 24   516 · 37   437 · 54   632 · 75

1706
  3412

❷ 643 · 26   852 · 43   534 · 68   562 · 57

❸ 346 · 58   763 · 84   305 · 96

Zu ❶ bis ❸:

36636	47400	20472
19092	64092	
32034		
29280	36312	
23598	20068	16718

❹ 2549 · 18   3791 · 24   9025 · 34   3547 · 65

❺ 4386 · 79   8907 · 47   7465 · 95   6075 · 84

❻ 23648 · 36   30795 · 28   41306 · 23

Zu ❹ bis ❻:

45882	90984	230555	306850	346494	418629	510300	709175	851328	862260	950038

Orientierungstest: Multiplizieren

❶
6 → · 80 → ☐ ; 6 → · 8 → ☐ → · 10 → ☐
7 → · 60 → ☐ ; 7 → ◯ → ☐ → ◯ → ☐
9 → · 40 → ☐ ; 9 → ◯ → ☐ → ◯ → ☐

❷
5 → · 700 → ☐ ; 5 → · 7 → ☐ → · 100 → ☐
9 → · 600 → ☐ ; 9 → ◯ → ☐ → ◯ → ☐
8 → · 500 → ☐ ; 8 → ◯ → ☐ → ◯ → ☐

❸
243 · 4　　512 · 7　　463 · 8　　607 · 9

❹
175 · 23　　268 · 46　　309 · 52　　873 · 34

❺
2163 · 45　　4067 · 56　　3984 · 73　　7009 · 97

❻ Ergänze die fehlenden Ziffern. Rechne.

3 _ 5 7 _ · 2 _	1 _ 5 6 3 · _ 7	2 5 0 _ 6 · 3 _
6 _ 1 4 8	8 4 _ 0 4	7 _ 2 2 8
1 8 9 _ 4 4	7 3 _ 4 1	1 _ _ 3 0 4

Bewerte deinen Test. Male jeweils das passende Gesicht an.

❶ ☺ 😐 ☹ ❷ ☺ 😐 ☹ ❸ ☺ 😐 ☹ ❹ ☺ 😐 ☹ ❺ ☺ 😐 ☹ ❻ ☺ 😐 ☹

Durch die Stufenzahlen 10, 100 und 1000 dividieren

Zu ❶:

❶

:	1	10	1000	100
1000				
29000				
10000				
135000				
704000				
1000000				

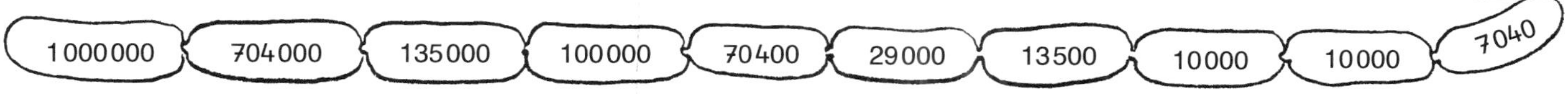

❷ : 10

510	
	200
7500	
	813
86000	
	4769
123000	

❸ : 100

300	
	18
5400	
	260
59200	
	1
704000	

❹ : 1000

1000	
	63
240000	
	725
909000	
	1000
0	

❺
100 : 10 = ______
1500 : 100 = ______
4800 : 10 = ______
4000 : 100 = ______
350 : 10 = ______
5300 : 100 = ______
20000 : 100 = ______
50000 : 1000 = ______
21000 : 100 = ______

❻
2400 : 100 = ______
300 : 10 = ______
1000 : 1000 = ______
2700 : 100 = ______
540 : 10 = ______
2000 : 1 = ______
3200 : 10 = ______
4900 : 100 = ______
65000 : 1000 = ______

❼
36000 : 1000 = ______
6000 : 100 = ______
56000 : 10 = ______
7300 : 100 = ______
40000 : 10 = ______
100000 : 100 = ______
8000 : 1000 = ______
2500 : 100 = ______
990000 : 1000 = ______

❽
[950000] —: 10→ [ ] —: 100→ [ ] —: 10→ [ ]
[ ] —: 100→ [ ] —: 1→ [4000] —: 1000→ [ ]
[ ] —: 1000→ [1000] —: 100→ [ ] —: 10→ [ ]

Zu ❽: Die Summe der Ergebniszahlen ist [100]

Durch Zehnerzahlen und Hunderterzahlen dividieren

1
200 : 20 = ____
2100 : 30 = ____
1200 : 40 = ____
70 : 70 = ____
350 : 50 = ____
2400 : 60 = ____
480 : 80 = ____
5400 : 60 = ____
270 : 90 = ____
3200 : 40 = ____

2
1800 : 30 = ____
8100 : 90 = ____
270 : 30 = ____
5600 : 80 = ____
4000 : 40 = ____
2800 : 70 = ____
160 : 40 = ____
630 : 90 = ____
3600 : 60 = ____
320 : 80 = ____

3
560 : 70 = ____
1400 : 20 = ____
5400 : 90 = ____
420 : 60 = ____
4200 : 70 = ____
640 : 80 = ____
2800 : 40 = ____
800 : 20 = ____
7000 : 70 = ____
4500 : 50 = ____

4

: 30	
150	
	80
900	
	4
18000	
	1000

5

: 60	
1200	
	40
30000	
	70
540	
	1

6

: 70	
1400	
	7
35000	
	300
630	
	100

7

: 80	
	80
16000	
	50
64000	
	1
80000	

8 Färbe passend.

200 rot | 30 gelb | 400 orange | 50 grün | 70 blau

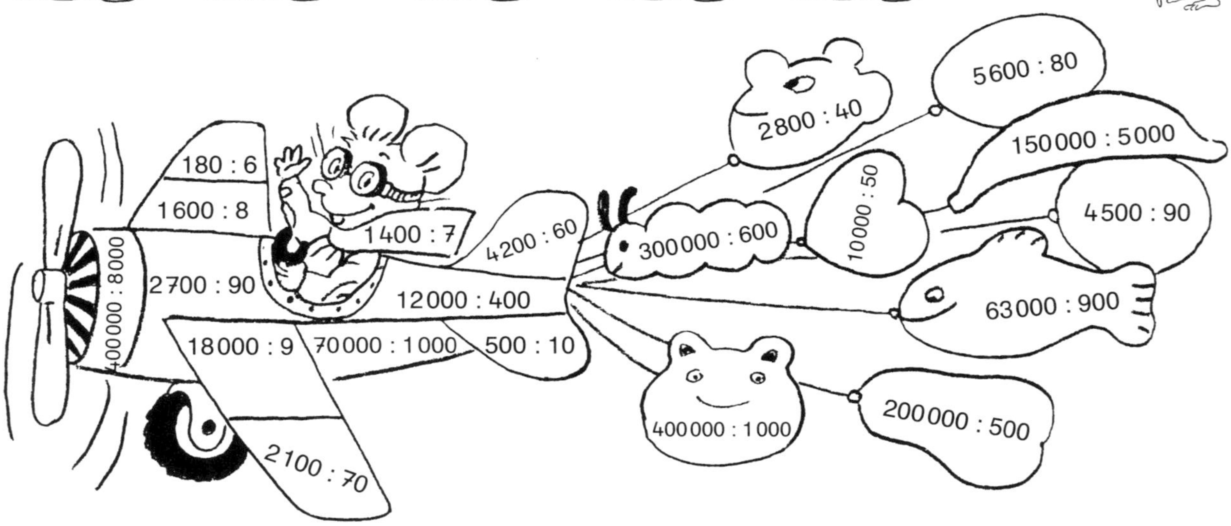

9 Findest du eine Lösung? Vergleiche mit deinen Mitschülern.

560000 —:→ ____ —:→ ____ —:→ 1

Halbschriftlich dividieren

426	:	3	=			
300	:	3	=	100		
120	:	3	=	40		
6	:	3	=	2		
426	:	3	=	142		

❶ Zerlege und rechne ebenso.

875 : 5 =

748 : 4 =

1146 : 3 =

❷

4256	:	8	=	
4000	:	8	=	
240	:	8	=	
16	:	8	=	

1698 : 6 =

5832 : 9 =

❸ 3234 : 7 =

4734 : 6 =

2456 : 8 =

816	:	6	=	136
600				
216				
180				
36				
36				
0				

❹ Rechne und schreibe ebenso.

889 : 7 =

1240 : 5 =

2416 : 4 =

zu ❶ bis ❹: 127, 175, 187, 248, 283, 307, 382, 462, 532, 604, 648, 789

Durch einstellige Zahlen schriftlich dividieren

1 78 : 6 = 1__ 96 : 4 = ___ 87 : 3 = ___ 76 : 2 = ___

```
78 : 6 = 1
6
18
18
 0
```

2 252 : 7 = ___ 265 : 5 = ___ 696 : 8 = ___

```
252 : 7 =
21
 42
 42
  0
```

3 819 : 9 = ___ 402 : 6 = ___ 497 : 7 = ___

```
819 : 9 =
81
 09
  9
  0
```

4 520 : 4 = ___ 1616 : 8 = ___ 1570 : 5 = ___

```
520 : 4 =
4
12
12
 00
  0
  0
```

5 7173 : 3 = ___ 9944 : 8 = ___ 7035 : 3 = ___

```
7173 : 3 =
6
11
 9
 27
 27
  03
   3
   0
```

6 8604 : 2 = ___ 9840 : 6 = ___ 12020 : 4 = ___

```
8604 : 2 =
8
06
 6
 00
  0
  04
   4
   0
```

zu **1** bis **6**: 13, 24, 29, 36, 38, 53, 67, 71, 87, 91, 130, 202, 314, 1243, 1640, 2345, 2391, 3005, 4302

Durch einstellige Zahlen schriftlich dividieren

❶ 76239 : 3 = ______

❷ 98768 : 8 = ______

❸ 126916 : 4 = ______

zu ❶ bis ❸:

12346
25413
31729

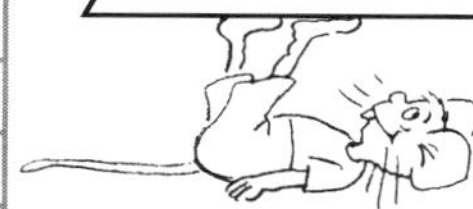

❹ 415710 : 5 = ______

❺ 380149 : 7 = ______

❻ 987651 : 9 = ______

zu ❹ bis ❻:

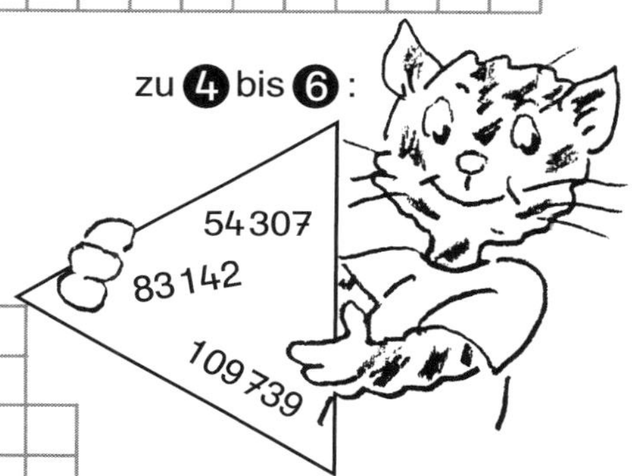

❼ 900500 : 4 = ______

❽ 327256 : 8 = ______

❾ 634935 : 7 = ______

zu ❼ bis ❾:

Schriftlich dividieren mit Rest

Rechne und schreibe wie bei ❶. Statt „Rest" schreibe „R".

❶ 5 1 3 : 4 = ____ Rest 1

4 · 11 · 8 · 33 · 32 · 1

❷ 7 9 5 : 6 = ____ R __

❸ 5 4 0 : 8 = ____ R __

❹ 3 6 7 0 : 7 = ____ R __

zu ❶ bis ❹:

67 R4
128 R1
132 R3
524 R2

❺ 8 8 8 9 : 9 = ____ R __

❻ 5 1 8 6 6 : 7 = ____ R __

❼ 3 2 2 0 5 : 8 = ____ R __

zu ❺ bis ❼:

987 R6
4025 R5
7409 R3

❽ 3 4 1 5 4 : 5 = ____ R __

❾ 3 6 3 2 3 : 4 = ____ R __

❿ 4 8 0 4 7 : 6 = ____ R __

zu ❽ bis ❿:

Orientierungstest: Schriftliches Dividieren

❶ 954 : 3 = ____

❷ 1976 : 8 = ____

❸ 6110 : 9 = ____ R __

❹ 35346 : 6 = ____

❺ 8490 : 4 = ____ R __

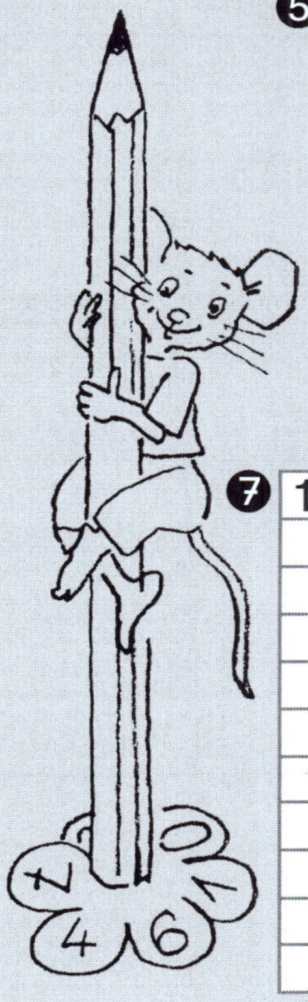

❻ 564942 : 7 = ____

❼ 130320 : 5 = ____

❽ 100000 : 9 = ____ R __

❾ 592075 : 8 = ____ R __

Bewerte deinen Test. Male jeweils das passende Gesicht an.

❶ ☺ 😐 ☹ ❹ ☺ 😐 ☹ ❼ ☺ 😐 ☹

❷ ☺ 😐 ☹ ❺ ☺ 😐 ☹ ❽ ☺ 😐 ☹

❸ ☺ 😐 ☹ ❻ ☺ 😐 ☹ ❾ ☺ 😐 ☹

Fehlern auf die Spur kommen

1 a) Rechne richtig aus.

4 7 8 5 · 3 4

b) Kontrolliere die Rechnungen der anderen Kinder. Markiere die Fehler.

c) Schreibe auf, was die Kinder falsch gemacht haben.

Mögliche Fehler beim schriftlichen Mulitplizieren

A	falsch untereinander schreiben	– Stellenwerte nicht beachtet
B	falsch multipliziert	– Probleme beim kleinen Einmaleins
C	Übertrag vergessen, falsch addiert oder subtrahiert statt addiert	– Probleme beim Addieren oder beim Übertrag

Lena: ______________________________

Micha: ______________________________

Timo: ______________________________

2 a) Rechne richtig aus.

5 6 8 3 3 0 : 7 = ______

b) Kontrolliere die Rechnungen der anderen Kinder. Markiere die Fehler.

Mit Zahlen bis 20 multiplizieren und dividieren

❶ Fülle die Tabelle richtig aus. Rechne schlau!

•	11	12	13	14	15	16	17	18	19	20
1										
2										
3										
4										
5										
6										
7										
8										
9										
10										

❷ Lies die gesuchten Zahlen in der Tabelle ab. Trage ein.

72 = ___ · 18
72 = ___ · 12
84 = ___ · 12
84 = ___ · 14
112 = ___ · 16
112 = ___ · 14

❸ Rechne im Kopf!
Dein Rechentrick:

2 · ☐ ist doppelt so viel wie 1 · ☐
4 · ☐ ist doppelt so viel wie 2 · ☐

a) 2 · 11 = ___
4 · 11 = ___
2 · 12 = ___
4 · 12 = ___
2 · 13 = ___
4 · 13 = ___

b) 2 · 14 = ___
4 · 14 = ___
2 · 15 = ___
4 · 15 = ___
2 · 16 = ___
4 · 16 = ___

c) 2 · 17 = ___
4 · 17 = ___
2 · 18 = ___
4 · 18 = ___
2 · 19 = ___
4 · 19 = ___

❹ Rechne im Kopf!
Dein Rechenweg:

65 : 5 = ☐
50 : 5 = 10
15 : 5 = 5
65 : 5 = 13

zu ❹:

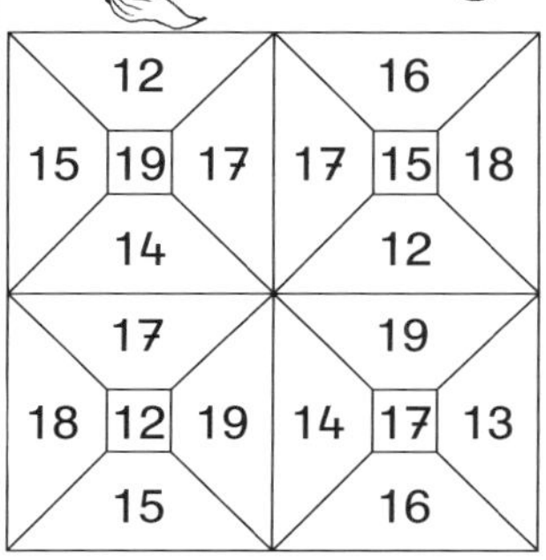

a) 75 : 5 = ___
98 : 7 = ___
72 : 6 = ___
60 : 5 = ___
104 : 8 = ___
80 : 5 = ___
102 : 6 = ___
90 : 5 = ___
112 : 7 = ___
96 : 6 = ___

b) 105 : 7 = ___
90 : 6 = ___
126 : 9 = ___
95 : 5 = ___
119 : 7 = ___
144 : 8 = ___
114 : 6 = ___
153 : 9 = ___
133 : 7 = ___
136 : 8 = ___

1 Es gibt nur einen richtigen Rechenweg durch das Labyrinth vom Start zum Ziel.
Schreibe deine Rechnungen auf ein Blatt.
Male die Wegpfeile rot an, wenn du einen richtigen Weg gefunden hast.

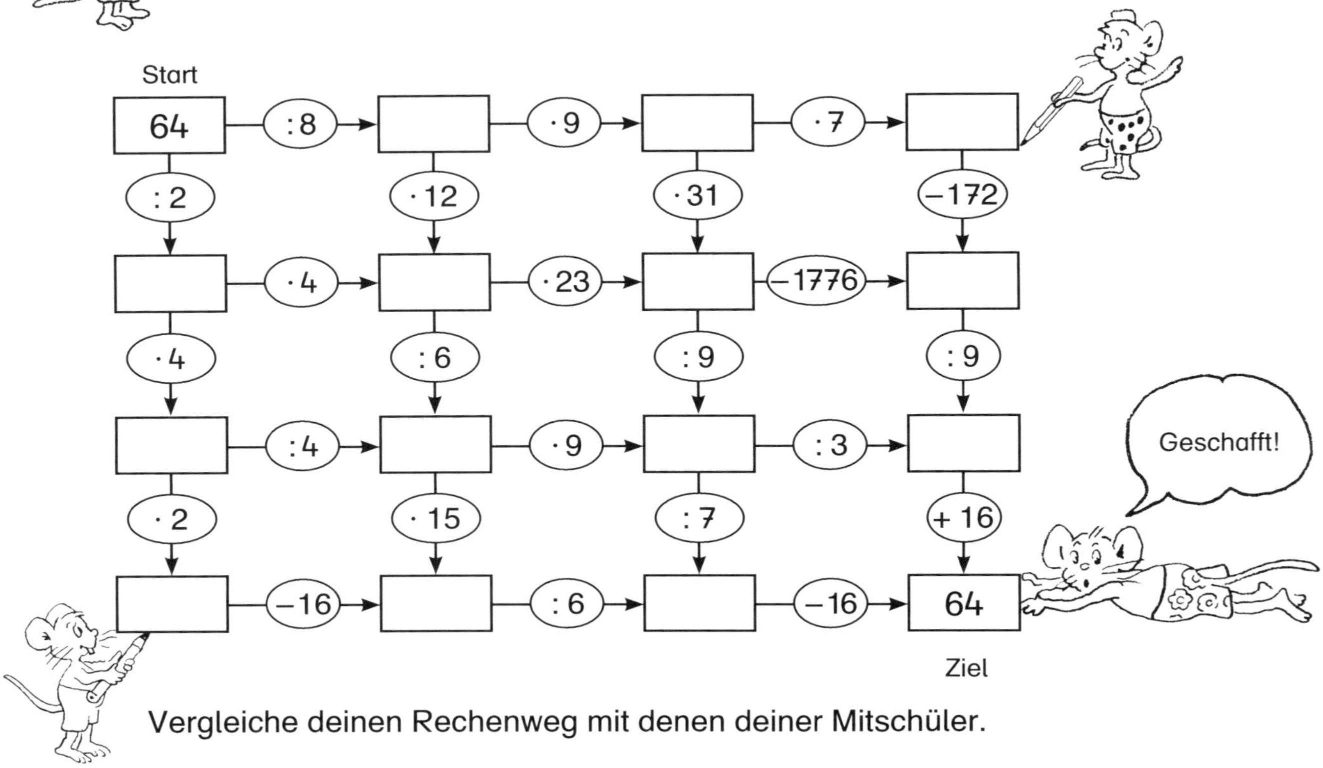

Vergleiche deinen Rechenweg mit denen deiner Mitschüler.

2 Beginne mit der Zahl 36.

			Ergebnis:
a) Rechne 4-mal	· 8		: ______
b) Rechne 4-mal	· 7		: ______
c) Rechne 4-mal	· 6		: ______

Mit welcher Rechnung kommst du der Zahl 50000 am nächsten?

____

zu **2**: Die Differenz zwischen der Lösungszahl und 50000 ist 3344.

3 Beginne mit der Zahl 112896.

			Ergebnis:
a) Rechne 2-mal	: 8		: ______
b) Rechne 2-mal	: 7		: ______
c) Rechne 2-mal	: 6		: ______

Mit welcher Rechnung kommst du der Zahl 2000 am nächsten?

____

zu **3**: Die Differenz zwischen der Lösungszahl und 2000 ist 236.

4 Rechenketten. Ergänze die fehlenden Zahlen.

	Start								Ergebnis
a)	124	· 12		: 8		: 3		· 49	3038
b)	4	· 25		· 100		− 9343		· 8	5256
c)	861	: 7		· 6		: 3		+ 246	492
d)	1000	: 1		− 75		: 5		· 6	1110
e)	99	· 9		: 3		· 8		: 6	396

1 **Ringaufgaben**. Rechne im Uhrzeigersinn.

Start und Ziel!

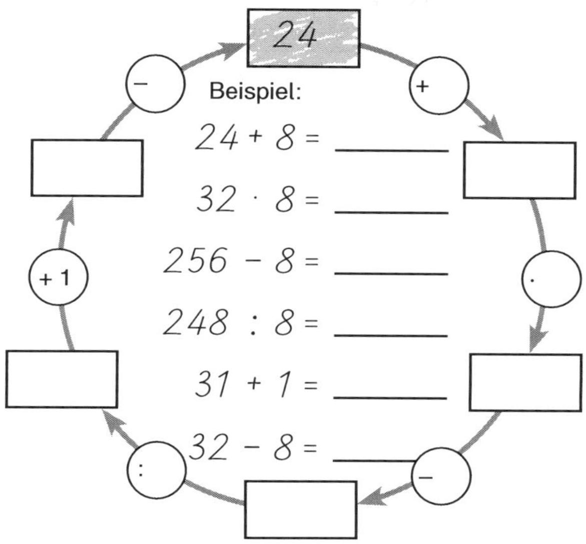

a) Rechne das Beispiel mit der Startzahl [24] und der Rechenzahl (8) fertig.

b) Wähle eine zweistellige Startzahl [ ] zwischen 10 und 100 und eine Rechenzahl ( ) zwischen 1 und 10.

c) Was ist das Besondere bei Ringaufgaben? Beschreibe.

____

____

____

____

d) Rechne ebenso mit Startzahl [49] und Rechenzahl (5).

e) Rechne ebenso mit Startzahl [82] und Rechenzahl (7).

f) Rechne ebenso mit Startzahl [95] und Rechenzahl (9).

Mir reicht der Platz nicht, ich rechne auf einem Blatt.

„Platz zum Rechnen"

2 Ringaufgaben mit unterschiedlichen Rechenzahlen.

a)	b)	c)
48 · 7 = ____	79 · 17 = ____	1000 : 5 = ____
____ : 2 = ____	____ − 380 = ____	____ : 8 = ____
____ + 132 = ____	____ : 9 = ____	____ · 125 = ____
____ : 5 = ____	____ · 15 = ____	____ − 325 = ____
____ − 52 = ____	____ : 5 = ____	____ : 5 = ____
____ · 6 = 48	____ − 242 = ____	____ + 440 = ____

Rechenplatz für Aufgaben, die du nicht im Kopf rechnen willst!

3 Erfinde eigene Ringaufgaben für die Aufgabenkartei der Klasse!

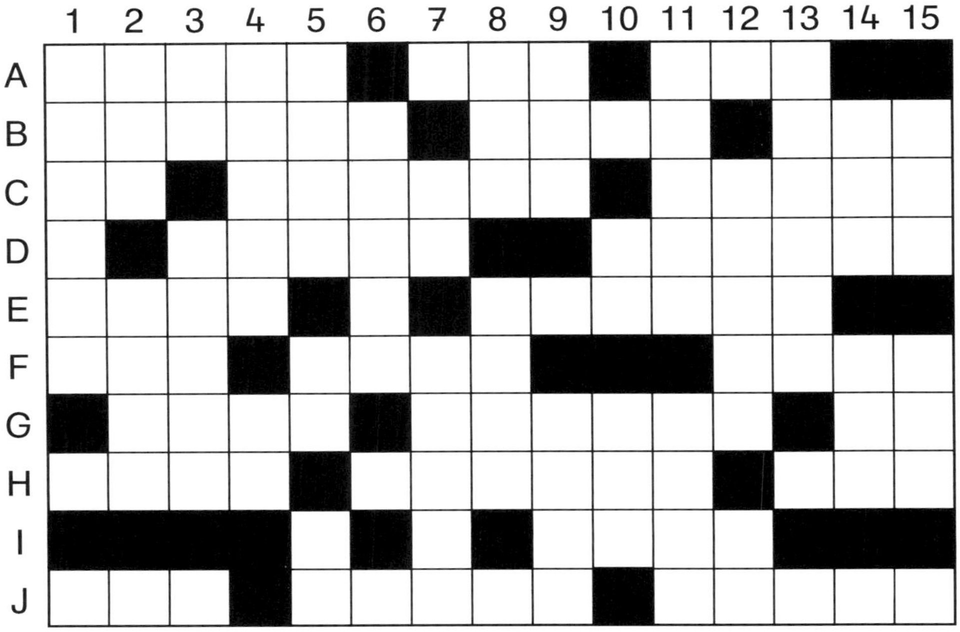

waagerecht

A	42000 – 401	3296 : 8	885 : 5
B	163819 + 47513	100000 – 87349 – 9452	23 · 3 · 4
C	□ · 3 = 93	207613 + 93498	156812 : 2
D	63 : 9	51009 : 3	61403 · 2
E	[2385 · 4] + 2	100 : 100	1000000 – 123457
F	4125 : 3 : 5	8638 : 7	[10200 : 2] + 15
G	397 · 6	639639 : 3	[2 · 5] + [63 : 9]
H	123 · 57	500000 – 227273	3801 : 7
I	1 · 1	100000 – 99999	38094 : 7
J	288 > □ > 286	71320 – 21489	19010 + □ = 54407

senkrecht

1	600000 – 176208	17 · □ = 119	□ · 6 · 8 = 96
2	333 : 3	28600 : 5	[5 · □] + 17 = 57
3	17 · 3	50000 – 35469	8 · □ = 56
4	24659 + □ = 118031	7 · □ = 567	
5	74400 : 8	9 · □ = 108	11760 : 4 : 5 : 6 : 7
6	10506 · 2	19738 · □ = 39476	[19 · 9] + □ = 180
7	1000 : 250	9 · □ = 117	779 · 42
8	[50 · 4] – 69	10000 – 1588	2 · □ · 13 = 78
9	[17 · 10] + 41	133 : 19	[234 · 16] + 7
10	16 · □ = 144	304 : 19	2016 : 9
11	157800 : 8	[109 · 17] – 110	
12	□ · 18 = 126	46779 + 35674	□ · 4 · 10 = 1000
13	275169 + □ = 1000000	280 : 7 : 8	50673 – 49846 – 824
14	99300 + □ = 100000	570 : 5	171 : 19
15	3996 : 6	3438 : 6	16807 : 7 : 7 : 7 : 7